DENISE SEIDL

Katzen

richtig halten
und Probleme lösen

KOSMOS

Inhalt

Von Menschen und Katzen 8
Die Geschichte der Katze 9
Steckbrief Katze 10
Coach auf vier Pfoten 12
Charaktere für jede Persönlichkeit 13

Kommunikation und Sinne 16
Kommunikation 17
ABC der Körpersprache 18
Partitur der Töne 20
Welt der Düfte 24
Auch Spuren sprechen 28
Beachtliche Sinnesleistungen 28
Unglaubliche Fähigkeiten 32

Eine Katze kommt ins Haus 34
Katzenfit? 35
Die richtige Wahl 37
Wo gibt es die Traumkatze? 39
Bald ist es so weit! 43
Erstausstattung 43
Katzenklo-Guide 46
Katzensichere Wohnung 48
Hallo Katze! 52
Eine Katze ist schon da 54
Mieze & Co. 56

Kleine Kätzchen und Senioren 60
Die ersten Lebenstage 61
Die ersten Wochen 63
Die Übergangsphase 63
Der Weg in die Selbstständigkeit 64
Erziehung 66
Katzensenioren 72
Der letzte Weg 75

Perfekter Katzenalltag 76
Was Katzen so treiben 77
Schlafen und Dösen 82
Fressen 83
Was sich Katzen wünschen 86
Katzen, Babys und Kinder 87
Vorbereitung muss sein 87
Mieze allein zu Hause 90

Inhalt 3

▶ **Katzen in Aktion** 92
Katzen-Spiel 93
Spielregeln 96
Auftritt der Akteure 97
Spieltypen 98
Spielideen 99
Abenteuer Freilauf 103
Katzen an der Leine? 104
Mieze vermisst 107
Katze auf Reisen 108
Es geht auf eine Ausstellung 109

▶ **Beziehungskrisen** 110
Krankheiten ausschließen 111
Probleme erkennen und lösen 112

Inhalt

Zum Geleit 120

Machen Sie sich katzenfit 123

Wir wollen eine Katze 123
Auswahlkriterien 123
Indoor Cats 126
Lebensqualität für Wohnungs-
katzen 128
Das Beste für Outdoor-Katzen 130
Vom Kätzchen zur Katze 132
Katzen sind gelehrig 134
Spielen – nur ein Zeitvertreib? 136
Spieltherapie 140
Katzensenioren 140
Katzen und Kinder 142
Die Zweitkatze 143
Wie Hund und Katz 145

Verhalten verstehen 149

Verhalten, was ist das? 149
Die Umwelt hinterlässt ihre
Spuren 150
Einzelgänger Katze? 152
Katzen sind Individualisten 154
Wenn Verhalten zum
Problem wird 156
Verhalten beeinflussen 159
Auch Katzen haben manchmal
Stress 160
Stress vermeiden 162
Hilfe bei Verhaltens-
problemen 166

Do you speak Cat? 169

Kommunikation 169
So spricht der Körper 170
Was verrät der Schwanz? 171
Augen, Ohren, Schnurrhaare 172
Die Lautsprache der Katze 173
Düfte liefern Informationen 175
Auch Krallen sprechen 178
Kratzprobleme vermeiden 181

Aggression und Angst 183

Wenn Mieze aggressiv wird 183
Aggression verstehen 183
Aggression im Spiel 185
Attacken aus dem Hinterhalt 186
Spielen als Lösung 187
Aggression als Strategie 188
Nicht anfassen 189
Wutsyndrom 190
Mein Revier 191
Umgerichtete Aggression 192
Angsthase Katze 193
Desensibilisierung und Gegen-
konditionierung 194
Angst vor einem Familien-
mitglied 194
Angst vor der Transportbox 196

Inhalt 5

Sauberkeit – Unsauberkeit 199

Problem Nr. 1 **199**
Abstand muss sein **199**
Die meisten Katzen verscharren **200**
Zeichen der Unsauberkeit **201**
Plötzlich unsauber?! **201**
Katzenklo, das A und O **204**
Standort **204**
Das passende Modell **205**
Sauberes Klo macht Katzen froh **207**
Bei Unsauberkeit niemals bestrafen **208**
Die Katzentoilette attraktiv machen **209**
Erste-Hilfe-Fahrplan gegen Unsauberkeit **211**
Markieren **212**
Was tun, wenn die Katze markiert? **214**

Jäger und Feinschmecker 219

Jagen liegt in den Genen **219**
Jagen lernen **219**
Jagdszenen aus dem Katzenleben **221**
Mögliche Beute **222**
Beute als Geschenk **223**
Fressverhalten – der Normalfall **224**
Gourmets auf vier Pfoten **225**
Fütterungsrituale **227**
Sie ist zu dick **228**
An Pflanzen knabbern **231**
Stoffsaugen oder -fressen **233**

Service 234

Zum Weiterlesen **234**
Nützliche Adressen **234**
Register **235**
Impressum **237**
Die Autorin **240**

Dankbar können wir den Katzen sein, dass sie uns Menschen als Partner angenommen haben, um unser Leben auf wunderbare Weise zu verschönern, denn

„Die Schöne bleibt sich selig;
die Anmut macht unwiderstehlich."
Johann Wolfgang von Goethe

Mag. med. vet. Katharina Kronsteiner

Zu diesem Buch

Wenn man sich heute zu einem Leben mit einer Katze entscheidet, ist es sicherlich nicht mehr, um sie auf dem Heuboden zum Mäusejagen einzusetzen. Sie ist zum Familienmitglied, zu einem lieben Partner geworden – sie ist Beziehung. Sie wird schnell zu unserem Lebensbegleiter durch Freude, Glück, Schmerz und Trauer. Sie ist einfach da, wann immer wir erschöpft nach Hause kommen und uns auf unser („ihr") Sofa fallen lassen.
Erwartungsvoll schleicht sie auf leisen Pfoten an, um mit einem sicheren Sprung auf unseren Beinen zu landen und sich anschmiegsam niederzulassen. Sie wärmt uns und schnurrt: Die Ruhe, die sie ausstrahlt, lässt uns schnell den Alltagsstress vergessen. Kaum ein Meditations- und Entspannungsseminar vermag dies auf so einzigartige Weise zu vollbringen.

Der Beginn einer neuen Beziehung ist jedoch auch immer mit Unsicherheit verbunden. Wir müssen uns vielen Fragen und Anforderungen stellen, wenn wir eine Katze aufnehmen.

Denise Seidl versteht es mit ihrem Buch, unser Selbstbewusstsein im Umgang mit den samtpfotigen Gefährten von Anfang an zu stärken. Durch das Leben unserer Katze, von früher Jugend bis ins hohe Alter, werden wir von der Autorin mit praktischen und hilfreichen Tipps begleitet. Doch Beziehung kann auch Spiel sein – Anleitungen für vielfältige und

Dr. med. vet. Silvia Leugner

spannende Möglichkeiten zur sinnvollen Beschäftigung werden uns gegeben. Haben wir mit unserem Partner hie und da Probleme, liegt es meistens an der fehlerhaften Kommunikation. Die Autorin versucht, auf wahrlich bildhafte Weise die Sprache der Katzen zu „übersetzen". Dankbar können wir ihre Erklärungen annehmen: Vieles wird plötzlich klarer und verständlicher, wir können verstehen und keine Krise scheint unlösbar.

Das Buch von Denise Seidl ist ein Wegbegleiter durch die Höhen und Tiefen einer einzigartigen Partnerschaft.

Es ist ein Nachschlagewerk, ein Ratgeber, der in keinem Katzenhaushalt fehlen sollte.

Viel Spaß beim Lesen
wünschen Ihnen

*Mag. med. vet. Katharina Kronsteiner
und Dr. med. vet. Silvia Leugner
Fachtierärztin für Ernährung und Diätetik*

Von Menschen und Katzen

Einst wurde sie vergöttert und auch gehasst, heute wird sie geliebt und ist zum Familienmitglied geworden: die Katze. Ein Leben ohne Samtpfoten ist für viele Menschen nicht mehr vorstellbar.

Die Geschichte der Katze

Ein außergewöhnliches Tier mit einem einzigartigen Wesen und eine ungewöhnliche Geschichte im Laufe der gemeinsamen Vergangenheit mit dem Menschen: Katzen haben uns seit jeher in ihren Bann gezogen. Sie wurden vergöttert und geliebt, aber auch gehasst und verfolgt. Kein anderes Tier vermochte so viel Begeisterung, Hass oder Bewunderung hervorzurufen wie die Katze. Unergründlich und geheimnisvoll wirkt sie zuweilen, nicht immer vorhersehbar ihre Verhaltensweisen. Gerade die Einzigartigkeit und Unabhängigkeit der Katze begeistert die Menschen. Ein Raubtier, das den Menschen als Sozialpartner auserwählt, und dennoch seine Unabhängigkeit bewahrt hat.

Problemlos kehrt die Katze in ihre ursprüngliche Wildheit zurück und nimmt ihr Leben als Jägerin auf, wenn sie der menschlichen Fürsorge entzogen wird.

▶ Kultstatus in Ägypten

Die lange Geschichte der wechselvollen Beziehung zwischen Katzen und Menschen beginnt im alten Ägypten, wo Katzen als Gottheiten verehrt wurden. Die Katzengöttin Bastet, die auch unter dem Namen Bubastis und Pascht bekannt ist, stand für die freundliche und fruchtbar machende Wärme, die wilde Kriegsgöttin Sachmet, die mit einem Katzen- oder Löwenkopf dargestellt wurde, für die zerstörerische Kraft der Sonne. Aber auch die Katzen, die mit den damaligen Menschen lebten, genossen einen besonderen Status. Starb die Katze einer Familie, rasierten sich die Familienmitglieder zum Zeichen der Trauer die Augenbrauen. Viele Katzen wurden einbalsamiert und auf Katzenfriedhöfen begraben. Der gewaltsame Tod einer Katze wurde mit der Todesstrafe geahndet und der Export von Katzen verboten. Nichtsdestotrotz fand eine Ausbreitung der Katzen über Kreta nach Süditalien und damit in das Römische Reich statt.

Katzen suchen unsere Nähe und bewahren dennoch ihre Unabhängigkeit.

Abstieg und Aufstieg
Im Mittelalter begann die Verfolgung der Katzen durch Vertreter der christlichen Kirche, da Katzen als Verbündete des Bösen angesehen wurden.
Ihre Beliebtheit erlangte die Katze erst wieder im 17. und 18. Jahrhundert zurück, als sich die Ratten, die Überträger der Pest waren, rasant vermehrten. Die Menschen waren nun auf die Unterstützung der vierbeinigen Jägerin angewiesen, um die Rattenpopulation einzudämmen.

Seefahrer
In der Neuzeit fuhr die Katze zur See: Als Schiffskatze wurde sie in alle Kontinente mitgenommen und sollte dafür sorgen, dass sich die Mäuse und Ratten an Bord nicht über den Proviant hermachten. Dadurch verbreitete sie sich weltweit. Die Katze hat ihren Siegeszug im menschlichen Leben angetreten.

Anschluss an den Menschen
Die Ursache der Domestikation ist umstritten. Tatsache ist, dass Katzen die menschlichen Siedlungen aufsuchten und vom Überangebot an Nagetieren profitierten, die durch die Getreidespeicher der alten Ägypter angezogen wurden. Aus einem Zweckbündnis entstand eine Beziehung zwischen Mensch und Tier, die sich zu einer dauerhaften Bindung entwickelte. Heutzutage steht die Katze ganz oben auf der Liste der beliebtesten Haustiere und hat den besten Freund des Menschen, den Hund, zahlenmäßig bei weitem eingeholt. 1,7 Millionen Katzen leben in österreichischen Haushalten, in Deutschland sind es ca. 8,3 Millionen und in der Schweiz 1,4 Millionen.

Steckbrief Katze

Einheitliche Optik
Angehörige der Familie „Katze" sind alle auf den ersten Blick erkennbar, egal ob es sich um einen Feld-, Wald- und Wiesenkater handelt, eine zarte Burma, einen Luchs oder einen Tiger.

Herkunft

Nach ihrem Aussehen und ihrem Verhalten ist die domestizierte Katze ein Nachfahre der nordafrikanischen Falbkatze *Felis silvestris libyca*, und nicht der europäischen Wildkatze *Felis silvestris silvestris*. Auch sprachwissenschaftlich lassen sich Hinweise für den nordafrikanischen Ursprung der Hauskatze in dem nubischen Wort „kadiz", das Katze bedeutet, finden. Unser deutsches Wort „Katze", das französische „chat", das englische „cat", das spanische „gato" usw. dürften eine Ableitung davon sein.

Fleischfresser mit Raubtiergebiss

Katzen sind Landraubtiere mit einem perfekten Gebiss. Die langen, gebogenen Eck- oder Fangzähne packen die Beute und ermöglichen den Tötungsbiss. Die Reißzähne sind kräftig, dienen zum Zerteilen der Fleischstücke und können sogar kleinere Knochen brechen. Bereits die im Tertiär lebenden Urahnen, die Miaciden, verfügten über solch ein leistungsstarkes Fleischfressergebiss.

Kralleneinziehtechnik

Hauptcharakteristikum der gesamten Katzenfamilie ist die Fähigkeit, die Krallen einzuziehen, die ihr schnelle und präzise Bewegungsabläufe bei der Jagd ermöglicht. Durch den Umhüllungsmechanismus bleiben die Krallen geschützt, sind immer scharf und einsatzbereit. Der Gepard kann das nicht; er nutzt seine Schnelligkeit und erreicht als Hetzjäger bis zu 110 km/h bei der Jagd.

Auf Samtpfoten

Als Zehengänger können sich Katzen nahezu geräuschlos fortbewegen und anschleichen.

Durch und durch Jäger

Zwischen der domestizierten Katze und ihrer Stammform sind kaum Unterschiede festzustellen. Katzen verwildern schnell ohne den Menschen und werden zu perfekten Jägern.

Lebensart

Die Feliden werden als Einzelgänger betrachtet, trotz der Tatsache, dass Löwen in Gruppen bis zu dreißig Tieren und Geparden in Familienverbänden oder in Gruppen von Gleichaltrigen leben. Unterschiede in der sozialen Ordnung sind nicht unvereinbar, sondern spiegeln die Individualität der Katze und ihre enorme Anpassungsfähigkeit wider. Manche Katzen leben solitär, manche durchaus gesellig in verschieden großen Gruppen und in unterschiedlichen sozialen Strukturen.

Toleranz ist das Schlüsselwort, ob Katzen die Gesellschaft von Artgenossen akzeptieren.

Kinder fühlen sich von Katzen magisch angezogen und genießen ihre Gesellschaft.

Coach auf vier Pfoten

Wenn eine Katze den Raum betritt, erhellen sich unsere Gesichter. Sie verscheucht dunkle Gedanken, lenkt uns von Problemen ab und fordert uns auf, sie zu streicheln oder mit ihr zu spielen. Die Katze spendet Trost und stellt sich auf unsere Stimmungen ein: Ist der Mensch traurig, weicht sie oftmals nicht von seiner Seite. Katzen machen Mut, holen Menschen aus ihren Schneckenhäusern, vertreiben Trübsinn und Einsamkeit und vermitteln Lebenslust.

Balsam für Herz und Seele

Menschen brauchen Tiere, eine Aussage, die seit dem Zusammenleben der Menschen mit Tieren ihre Gültigkeit hat. Menschen jeden Alters, aber besonders Kinder, suchen die Nähe von Tieren und profitieren davon. Unsere Katzen sind Sozialpartner und Gefährtinnen in guten wie in schlechten Zeiten.

Ein starkes emotionales Band verbindet Mensch und Tier. Bereits die Anwesenheit einer Katze wirkt entspannend und beruhigend. Menschen mit Katzen leben gesünder, wie Mediziner herausgefunden haben. Der Herzschlag verlangsamt sich, der Blutdruck wird gesenkt und der Atem geht gleichmäßiger. Wen wundert es, dass Katzen in Krankenhäusern und Altersheimen als Co-Therapeuten eingesetzt werden?

Positiver Effekt

Tiere vollziehen keine Wertung nach menschlichen Kriterien und geben das Gefühl, bedingungslos geliebt zu werden. Katzen helfen bei der Erziehung unserer Kinder: Unterrichtet wird soziale Kompetenz, wie Verantwortungsbewusstsein, Toleranz und Mitgefühl. So lernen Kinder Teamfähigkeit, die Bedürfnisse eines anderen Lebewesens zu respektieren und auch die eigenen Wünsche zurückzustellen.

Das Lernen mit und von Tieren funktioniert zwanglos und mit großem Engagement von Seiten der Kinder. Zahlreiche wissenschaftliche Studien belegen, dass Kinder, die mit Hund, Katz und Co. aufwachsen, in der Schule weniger Anpassungsschwierigkeiten zeigen, kontaktfreudiger sind und Probleme im Elternhaus besser bewältigen.

Charaktere für jede Persönlichkeit

Genauso vielfältig und unterschiedlich wie die menschlichen Charaktere sind die Wesenszüge der Katze. Das genetische Vermächtnis der Elterntiere, Erfahrungen, Lernprozesse und Vorlieben haben ebenso einen Einfluss auf die Persönlichkeitsbildung des jungen Tieres wie das Lebensumfeld. Es ist nicht immer einfach, das Temperament einer Katze zu bestimmen. Einige sind sanft, andere extrovertiert und geschwätzig. Es gibt scheue, aber auch kratzbürstige Stubentiger. Und dies sind nur einige der Charaktereigenschaften, die wir Zweibeiner unseren Gefährtinnen auf vier Pfoten zuschreiben. Manchmal sind Katzen Ebenbild ihrer Bezugspersonen, manchmal ziehen sich Gegensätze an. Und eine aktive, selbstbewusste Katze kann eine introvertierte Persönlichkeit gut aus der Reserve locken und umgekehrt. Die Devise der Katze lautet: „Akzeptiere mich, so wie ich bin. Lasse dich auf das Abenteuer mit mir ein!"

▶ Die Friedfertigen

Gelassenheit ist oberstes Gebot und nichts kann sie aus der Ruhe bringen. Als Diva gilt vor allem die Perserkatze mit faszinierend seidigem Haarkleid, die Bequemlichkeit und Luxus zu schätzen weiß. In ihrer unaufdringlichen Art schließt sie sich ihrer Bezugsperson an und gilt als ausgeglichener Gefährte für Mensch und Tier, genauso wie die Britisch Kurzhaar. Mit diesem unbeschwerten, geselligen Tier ist gut auszukommen. Sie ist sehr anhänglich, aber nicht aufdringlich. Auch die Exotisch Kurzhaar ist ausgesprochen friedliebend, jedoch etwas lebhafter als die Perser. Sie ist sehr verspielt und hat sich eine gewisse Unabhängigkeit bewahrt.

Auf einer kuscheligen Decke lässt es sich so richtig schön relaxen.

Sowohl die verführerische Kartäuser als auch die imposante Maine Coon sind starke Persönlichkeiten auf vier Pfoten.

Die Verführerinnen

Sie wissen, was sie wollen und machen das ihrem Menschen lautstark klar: Abessinier, Orientalen und Bengalen. Sie gehören zu den Rassen mit starker Persönlichkeit, die ihren Wünschen auf verführerische Art und Weise Ausdruck verleihen können. Abessinier sind gesellige, neugierige Tiere, die trotz ihrer Anhänglichkeit unabhängig sind. Ihre Liebe richten sie ganz und gar auf die Bezugsperson. Die dynamischen Bengalen verfügen über einen ausgeprägten Bewegungsdrang. Die lebhaften Tiere verausgaben sich gern im Spiel und ihr vereinnahmendes Wesen fordert die Aufmerksamkeit ihres Menschen. Aber auch eine Türkisch Van ist mehr als ein sanftes Kuscheltier und weiß, sich durchzusetzen.

Die Ursprünglichen

Ein Haustier in seiner ursprünglichen „wilden" Erscheinungsform: Die Maine Coon mit ihrem luchsartigen Aussehen und ihrem muskulösen Körperbau bietet sich als Gefährte für diejenigen an, die „back to the roots" anstreben. Trotz ihrer imposanten Erscheinung ist die Maine Coon ein sanfter Riese, ausgeglichen und mit der Fähigkeit, eine enge Bindung zu ihrer Bezugsperson zu entwickeln.
Auch die Norwegische Waldkatze entspricht diesem Bild der freiheitsliebenden Samtpfoten. Sie ist charakterlich stabil, selbstsicher und ein geselliger Zeitgenosse. Hervorragend sind ihre Kletterfähigkeiten. Die stattlichen Norwegerinnen lieben den Freilauf.

Charaktere für jede Persönlichkeit 15

Während die aktive Bengal ihren Menschen lautstark vereinnahmt, schleicht sich die Heilige Birma sanftmütig in das Herz ihrer Familie.

Die Gesprächigen
Als wahre Temperamentsbündel voller Lebensfreude verzaubern sie und lieben die Aufmerksamkeit: Siam, Burma & Co. ziehen ungestüm, aber liebenswürdig ihre Umgebung in den Bann. Die Siam, wahrhaft königlichen Ursprungs, gilt als Athlet unter den Katzen. Extrovertiert, lebhaft und gesprächig, immer die Gesellschaft ihres Menschen suchend. Aber auch ihre Schwestern und Brüder, die Balinesen mit ihren halblangen Haaren, die Burmesen mit ihrem samtigen Fell und die Orientalen mit ihren Edelsteinaugen machen ihrem Namen alle Ehre. Die temperamentvollen Burmesen schließen ihren Menschen ins Herz, fordern aber im Gegenzug viel Aufmerksamkeit und Beschäftigung.

Die Sensiblen
Während es manchen Artgenossen nicht aufregend genug sein kann, zeigen Korat und Türkisch Angora große Sensibilität. Sie sind für eine ruhige Umgebung ohne Hektik und Stress ausgesprochen dankbar und schließen sich eng an ihre Bezugsperson an. So entwickelt sich oftmals eine enge Beziehung, in der sich Mensch und Tier offenbar mit einem einzigen Blick verstehen.

Jede Katze ist einzigartig
Beachten Sie bitte, dass die in den Rasseportraits dargestellten Charaktere lediglich als Richtlinie und Orientierungshilfe dienen, um die passende Gefährtin zu finden. Jede Katze ist eine Persönlichkeit und entspricht nicht immer ihrem Standard.

Kommunikation und Sinne

Katzen kommunizieren mit uns nicht nur durch Miauen, Schnurren und Fauchen, sie sprechen auch durch ihre Mimik und Gestik. Lesen Sie mehr über die Katzensprache und die exzellenten Sinne des Raubtieres, das sich dem Menschen angeschlossen hat.

Kommunikation

Jede Art der Verständigung ist ein Austausch von Informationen. Der Absender einer Botschaft muss sich unmissverständlich ausdrücken und der Empfänger der Nachricht muss erkennen, was gemeint ist.
Bei Tieren ist eine rein verbale Kommunikation – wie die menschliche – selten. Sie können jedoch ausgezeichnet auf einer nonverbalen Ebene – nämlich über Körpersprache, Gerüche und Berührungen – miteinander in Kontakt treten und so ihre Stimmungen und Absichten mitteilen.

Verständigung mit dem Menschen
Katzen sind nicht nur unter ihresgleichen Meister der Verständigung, sie haben aufgrund ihrer hohen Intelligenz gelernt, auch mit uns Menschen zu kommunizieren. Es scheint, als ob Katzen auf unser eingeschränktes Wahrnehmungsvermögen Rücksicht nehmen würden und sich bemühen, für uns klar und deutlich zu „sprechen". Umfragen unter Tierhaltern haben ergeben, dass 95 % der Katzenbesitzer mit ihrer Katze plaudern und, dass die Tiere feinfühlig auf gewisse Sätze, deren

WICHTIG

Beobachten Sie Ihr Tier aufmerksam
Der Gesamteindruck zählt! Körpersprache, Mimik und Lautäußerungen müssen immer in ihrer Gesamtheit betrachtet werden, um eine zutreffende Aussage über die Stimmungslage der Katze in einer konkreten Situation zu erhalten. Werden Verhaltensweisen isoliert betrachtet, kann es zu Fehlinterpretationen und folglich zu Missverständnissen kommen.

Kommunikation und Sinne

INFO

Stimmungsbarometer
Der Schwanz dient der Katze nicht nur, um die Balance zu halten, sondern ist auch eine Art Stimmungsbarometer:

> Gute Laune – erhobener Schwanz

> Konflikt – zuckender Schwanz

> Ungeduld und Ärger – hin und her peitschender Schwanz

> Angst beziehungsweise Unterwerfung – gesenkter Schwanz. Dabei wird er aufgeplustert beziehungsweise zwischen die Beine geklemmt.

Das Schwanzwedeln der Katze hat eine andere Bedeutung als das des Hundes! Wedelt die Katze mit dem Schwanz, befindet sie sich bereits in eher aggressiver Stimmung, legt sie dann noch die Ohren an, fehlt nicht mehr viel bis zum Pfotenhieb. Ein Schwanzwedeln des Hundes kann grundsätzlich als freundliche Geste gesehen werden, kann aber auch Anspannung oder einen Konflikt signalisieren. Um dies zu deuten, muss die Körpersprache als auch das Umfeld betrachtet werden.

Tonlage sowie die jeweilige Ausdrucksweise und Stimmungslage des Menschen reagieren. Katzen sind in der Lage, sich in ihrer Kommunikation auf den jeweiligen Gesprächspartner einzustellen. Eine Siamkatze zum Beispiel, deren Besitzerin plötzlich taub wurde, hat ihr kommunikatives Miauen durch eine Verständigung durch Mimik und Gestik ersetzt.

ABC der Körpersprache

Schon die Körperhaltung der Katze vermittelt dem Gegenüber gewisse Informationen über die Stimmungslage, und das sogar auf Distanz. Jede optische Vergrößerung des Körpers bedeutet Selbstsicherheit. Durch das Aufstellen des Rückenfells versucht die Katze imposant zu wirken und auf den Gegner Eindruck zu machen.

ABC der Körpersprache

Katzenbuckel
Macht die Katze einen Katzenbuckel, ist sie gleichzeitig in Flucht-, Verteidigungs- und Angriffsstimmung. Sie ist im Zwiespalt: fliehen oder angreifen? Sie zeigt den Katzenbuckel seitlich zum Gegner, um entweder steifbeinig den Rückzug anzutreten oder nach vorn zu stelzen, um zum Angriff überzugehen. Verteidigungsbereitschaft wird durch das Einknicken der Vorderbeine signalisiert, Unsicherheit, durch das Einknicken der Hinterbeine. Eine Katze mit aggressiver oder defensiver Körperhaltung sollte man besser nicht anfassen und ihr Zeit geben, sich zu beruhigen.

Augen, Ohren und Schnurrhaare
Auch die Stellung der Ohren, der Schnurrhaare und der Augen geben Aufschluss über die Gemütslage:

Zufrieden Bei einer zufriedenen Katze sind die Ohren nach oben gerichtet und die Schnurrhaare entspannt.
Angespannt Wandern die Ohren nach hinten und die Schnurrhaare werden nach vorn gefächert, weist das auf Anspannung hin.
Ärgerlich Eine verängstigte oder verärgerte Katze, die zum Angriff oder zur Verteidigung bereit ist, hat die Ohren angelegt und die Schnurrhaare nach vorn gerichtet.
Entspannt Halbgeschlossene Augen und zur Seite gedrehte Ohren sowie entspannt hängende Schnurrhaare signalisieren Zufriedenheit und Entspannung.
Spiellaune Spielbereitschaft wird durch gespitzte Ohren und weit geöffnete Augen mitgeteilt: „Los, spiel mit mir!"

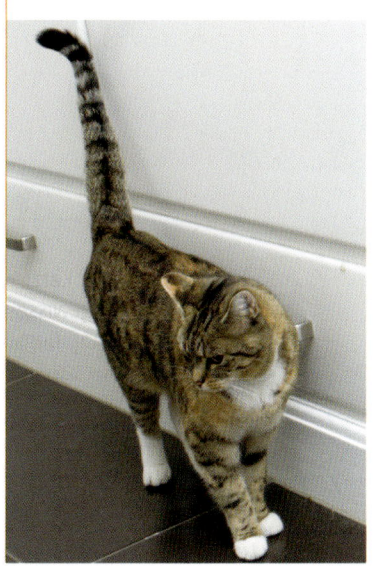

UNTEN LINKS: *Mit gekrümmter Schwanzspitze wird der geliebte Mensch begrüßt, aber auch um Futter gebettelt.*

UNTEN: *Sind Sprachprobleme einmal überwunden, vertragen sich auch Hund und Katz.*

▸ **Ausdruck des Wohlbefindens**
Kennen Sie nachfolgend beschriebene Situation? Ihre Katze springt auf Ihren Schoß und beginnt, mit tretenden Pfotenbewegungen Ihren Arm oder Ihren Oberschenkel zu kneten. Dieses Bewegungsmuster wird Treteln genannt und stammt aus der Kindheit der Katze. Das kleine Kätzchen versucht mit dem so genannten Milchtritt den Milchfluss an der Zitze anzuregen. Zeigt Ihre Katze diese Verhaltensweise bei Ihnen, können Sie sich glücklich schätzen, denn diese Geste bedeutet höchstes Wohlbefinden. Die Katzenhalter unter Ihnen, die auch einen Hund haben, interessiert es vielleicht, dass beim Hund das so genannte Pföteln dem Treteln der Katze entspricht.

Das Pfotegeben des Hundes hat einen auffordernden Charakter, denn der Hund bittet damit um freundliche, reibungslose Aufnahme in den menschlichen Sozialverband.

Partitur der Töne

Die verschiedenen Schnurr-, Miau- und Chhh-Laute hören sich vielleicht ähnlich an, doch sie haben unterschiedliche Bedeutungen. Katzen verfügen über eine ausdrucksreiche Sprache, die nicht mit einfachen Worten zu übersetzen ist. Aus ungefähr 16 bis 20 Grundlauten entstehen eine Menge Übergangsformen, die individuell veränderbar und einsetzbar sind. Unsere Katzen kennen zwei Lautsprachen: die des Kätzchens und die der erwachsenen Katze. Wild lebende Katzen kommunizieren in der Mutter-Kind-Beziehung in einem gewissen Sprachsystem, das im Erwachsenenalter durch ein anderes ersetzt wird. Ausgewachsene Katzen teilen sich ihren Artgenossen über Gesten und Düfte mit, Vokale werden seltener eingesetzt. Unsere Hauskatzen behalten jedoch im Umgang mit uns Menschen ihre Babysprache bei, die sie mit dem Vokabular der erwachsenen Katze verfeinern und an die jeweilige Situaion anpassen. Und jeder Katzenhalter kennt die mannigfachen Miau-Botschaften seines Stubentigers und wie gezielt jene Laute eingesetzt werden, um Wünschen und Forderungen Ausdruck zu verleihen.

> **WICHTIG**
>
> *Katzensprache lernen*
> *Lernen Sie die Katzensprache! Nur so können Sie verstehen, in welcher Stimmung sich Ihre Katze befindet und welche Absichten sie hat.*
>
> *Nachfolgend einige Tipps:*
>
> *> Anstarren wird als Drohgebärde aufgefasst. Wenn Sie die Katze anschauen, blinzeln Sie dabei. Das kommt einem Lächeln gleich.*
>
> *> Es entspricht dem Katzenverhalten, dass die soziale Kontaktaufnahme von der Katze ausgeht. Zwingen Sie Ihrer Katze keine Streicheleinheiten auf. Beim Streicheln sollten Sie auf die Körpersprache der Katze achten. Beginnt sie mit dem Schwanz zu „peitschen" und die Ohren anzulegen, signalisiert sie Ihnen, dass sie genug gestreichelt wurde und nun ihre Ruhe möchte.*

Partitur der Töne 21

Was gibt es Schöneres als die Zuneigung seines Menschen zu spüren?

Die ausgeprägte Individualität der Katze spiegelt sich auch in ihrer Kommunikationsfreudigkeit wider. Während die einen stillschweigend vor der Terrassentür warten, um Einlass finden, schreien die anderen fordernd vor der Tür, um ihren Menschen aufmerksam zu machen. Bei Forderungen wird das „Miau" oftmals zum gellenden „Mau". In der Regel wird von Mieze so lange miaut, bis sie das Objekt der Begierde erhält, sei es ein besonderer Leckerbissen oder Aufmerksamkeit.

INFO

Kleine Plaudertaschen
Nicht jede Katze ist ein Plappermaul. Manche Tiere leben lieber stillschweigend mit ihrem Menschen zusammen. Bekannt für ihre Gesprächigkeit sind Siam, Burma und Orientalen. Perser und Britisch Kurzhaar gelten als ruhiger. Wesenseigenschaften dürfen jedoch nicht verallgemeinert werden und Ausnahmen bestätigen die Regel. Möchten Sie Ihre Katze zu einer Plaudertasche erziehen, ist es wichtig, dass Sie auf das Miau reagieren und der von der Katze gestellten Aufforderung nach Streicheleinheiten oder nach einem Leckerbissen nachkommen.

Kommunikation und Sinne

▶ **Lautäußerungen**
Die Lautäußerungen der Katze können in Gruppen eingeteilt werden: Man unterscheidet die Murmel-, die Vokal- und die Erregungslaute. Die Katzensprache ist vielfältig und nicht immer leicht zu verstehen. Nachfolgend werden die wichtigsten Töne und deren Bedeutung beschrieben.

▶ **Gurren**
Murmellaute, wie das Gurren und Schnurren, werden mit geschlossenem Maul von sich gegeben. Das Gurren wird zur freundschaftlichen Begrüßung eingesetzt. Katzenmütter locken ihre Jungen mit diesem Ruf herbei, paarungsbereite Katzendamen umgarnen so ihre Verehrer.

Katzenkonferenz!

INFO

Was Schnurren bedeutet
Schnurren ist nicht immer ein Signal, dass die Katzenwelt rundum in Ordnung ist und sich die Katze wohl fühlt. Katzen schnurren auch bei Missbefinden und/oder um dieses Missbefinden zu vermeiden beziehungsweise ihre Hilflosigkeit auszudrücken.
In folgenden Situationen wird ebenso geschnurrt:
> in Angstsituationen, zum Stressabbau und zur Beruhigung.
> zur Beschwichtigung von Artgenossen, bei Schmerzen und im verletzten Zustand,
> während der Geburtswehen und in der Todesstunde.

▶ **Schnurren**
Grundsätzlich schnurren Katzen, wenn sie sich in einer sozial aufgeschlossenen Stimmungslage befinden. Wer kennt das nicht? Die wohlig schnurrende Katze auf dem Schoß? Zufriedenheit und Wohlbefinden werden sowohl dem Artgenossen als auch dem Menschen gegenüber signalisiert. Das erste Schnurren der Kätzchen erfolgt beim Säugen und ist ein Zeichen des Wohlbehagens. Die Katzenmama antwortet mit Gegenschnurren.

Partitur der Töne

Wie Schnurren entsteht
Interessant ist, dass sich die Wissenschaftler noch bis vor kurzem nicht einig waren, wie und wo das Schnurren der Katze entsteht. Die Blut-Turbulenz-Theorie besagte, dass das Schnurren aufgrund von Blutturbulenzen in einer der Hauptvenen zustande käme. Mittlerweile ist bekannt, dass das Schnurren im Kehlkopf entsteht. Die Katze hat neben ihren herkömmlichen Stimmbändern eine Art Hautfalte im Kehlkopf, die „Vorhof-Falte" oder „falsche Stimmbänder" genannt werden. Der Luftstrom, der beim Ein- und Ausatmen darüber streicht, wird durch Kontraktionen der Kehlkopfmuskulatur bis zu 30-mal pro Sekunde unterbrochen und das Schnurren entsteht.

Schnurren heilt
Forscher des „Fauna Communications Research Institute" in North Carolina konnten beobachten, dass das Schnurren der Katze sich in einem Frequenzbereich zwischen 25 und 50 Hertz bewegt, und die erzeugten Schallwellen Heilungsprozesse im Knochengewebe auslösen. Das brummende Schnurren dient also nicht nur der Kommunikation, sondern auch der Stressminderung und der Selbstheilung. Was wir hier von den Katzen gelernt haben, wird mittlerweile angewandt: Künstlich erzeugtes „Schnurren", so genanntes Vibrationstraining, gehört heute zu den Therapieformen für Menschen, die unter Knochenschwund (Osteoporose) leiden.

Maunzend nimmt Mieze Kontakt zu ihrem Menschen auf und erwartet, dass ihrer Forderung nach Aufmerksamkeit oder Futter nachgekommen wird.

Miauen und Maunzen
Um ein Miau zu erzeugen, muss die Katze die Lippen kräuseln. Durch den Übergang von einer Tonart in die nächste und durch die Tonhöhe der Miau- und Maunzlaute werden eine Vielzahl von Gefühlen ausgedrückt. Mit einem Miau bittet die Katze um Aufmerksamkeit, erstmalig als Kätzchen bei der Katzenmama, später dann bei ihren Bezugspersonen. Da gibt es das Miau, das Türen öffnen soll, das bettelnde Miau bei Hunger, das auffordernde Miau zum Spielen, das ängstliche Miau oder ein irritiertes Miau, wenn der Mensch sich anders als erwartet verhält. Sie haben sich sicher auch schon mit Ihrer Katze unterhalten. Es scheint, dass Katzen einen Teil unserer Worte verstehen, aufgrund des Tonfalles, den wir wählen, und verstärkt durch unsere Körpersprache, die die Worte begleitet. Manchmal neigt die Katze dann auch ihren Kopf, sieht uns fragend an und signalisiert, dass sie unseren

LINKES BILD: *Vorsicht, schlecht gelaunte Katze! Wer sich nun zu nah heranwagt, bekommt eins mit der Tatze!*

RECHTES BILD: *Katzen, die Vögel durch das geschlossene Fenster beobachten, schnattern, weil sie die Beute nicht erreichen können.*

Worten nicht folgen konnte. Es ist nicht leicht, seine Katze zu verstehen und sich ihr verständlich zu machen, aber mit Katzenerfahrung und Interesse am Verhalten, lassen sich Missverständnisse vermeiden.

▸ Erregungslaute
Schreie vor Angst und Schmerz sowie Paarungsschreie zählen neben Knurren, Fauchen, Jaulen und Schnattern zu den Erregungslauten.

> **INFO**
>
> *Ins Gesicht gepustet*
> Beim Fauchen wölbt die Katze die Zunge, um einen warmen Atemstrahl auszustoßen. Haben Sie Ihrer Katze einmal unabsichtlich ins Gesicht geblasen? Wahrscheinlich hat Ihre Katze Sie daraufhin angefaucht. Denn genau das haben Sie durch das Anblasen ausgedrückt.

▸ Knurren und Fauchen
Das Knurren entsteht im Stimmapparat, wird aber mit geschlossenem Maul erzeugt. Katzen können wie Hunde knurren, vor allem wenn sie gereizt sind, oder wenn ein Artgenosse die begehrte Beute streitig machen möchte. Knurren kann schnell in Fauchen übergehen. Fauchen und Spucken werden zur Abschreckung von Gegnern eingesetzt und verfehlen kaum ihre Wirkung. Wer dann nicht von der Katze Abstand hält, riskiert einen Prankenhieb.

▸ Jaulen und Kreischen
Jaulen und Kreischen sind besonders hohe Töne, die Katzen ausstoßen, wenn sie sich z. B. in die Enge getrieben fühlen oder auch bei Katzenkämpfen.

Schnattern

Die Katze äußert ihren Frust durch Schnattern, wenn sie Beute sieht, ihr es aber nicht möglich ist, dem Beutetier nachzujagen. Die Katze öffnet dabei leicht den Mund und bewegt schnell den Unterkiefer. Das Schnattern hört man beispielsweise, wenn die Katze am Fenster sitzt und durch die Scheibe Vögel beobachtet. Die Anspannung steigt, der Vogel kann nicht gejagt werden.
Die Katze schnattert und peitscht auch manchmal verärgert mit dem Schwanz.

Welt der *Düfte*

Katzen kommunizieren meisterhaft mittels Duftstoffen. Duftbotschaften sind nicht so flexibel einsetzbar, wie die Verständigung durch Körpersprache und Lautäußerungen, da die Botschaften nicht unmittelbar an veränderte Situationen angepasst werden können. Die meisten chemischen Signale bieten jedoch den Vorteil der längerfristigen Informationsübermittlung, auch wenn der Informationssender nicht mehr präsent ist. Nach einer ausgiebigen Geruchsprüfung erhält die Katze Informationen über das Geschlecht, das Alter, den Rang, den hormonellen Status und auch den Gesundheitszustand anderer Artgenossen.

Duftmarkierungen

Auch unsere Hauskatzen mit mehr oder weniger Freilauf haben Reviere mit einem Kernbereich von etwa 100 m Durchmesser und einem Streifgebiet von etwa 500 m bis 2 km Durchmesser. Da diese Reviere keine festen Grenzen haben, sondern sich oft mit den Revieren anderer Katzen überlappen, müssen Konfrontationen und in der Folge Verletzungen durch Kämpfe auf ein Minimum reduziert werden. Treffen nun zwei unbekannte Katzen in einem Gebiet

Katzenintranet: Die Botschaften der Artgenossen werden aufmerksam gelesen.

Kommunikation und Sinne

Hoppla! Der Kater von nebenan ist gerade im Revier. Da warte ich noch etwas mit meinem Spaziergang.

aufeinander, versuchen beide das Gegenüber durch Schnuppern am Kopf oder an der Analregion, wo die Duftdrüsen sitzen, zu identifizieren. Solche Begegnungen sind nicht so häufig, da die Katzen über ein ausgeklügeltes Zeit-Raum-Management mittels Sichtkontakt und Duftmarken verfügen.

▶ Verkehrsregelung im Katzenrevier

Katzen hinterlassen ihre Urin- und Kotmarken an strategisch wichtigen Punkten. Das sind auffällige, vertikale Stellen wie Steine, Büsche oder Hauswände. Diese Duftmarkierungen dienen der Übermittlung diverser Informationen an Artgenossen und geben Auskunft über die Identität der Katze, die Anwesenheit in einem bestimmten Bereich, den Zeitpunkt des letzten Aufenthalts und die Paarungsbereitschaft weiblicher Tiere. Manchmal kommt es zu regelrechten „Duftduellen", wobei ein Tier versucht, die Duftmarkierung des anderen Tieres durch eigene Harnmarkierungen zu überschreiben.

▶ „Stop"- and „Go"-Marken

Befinden sich mehrere Katzen in einem Gebiet, wird der Verkehr durch Duftmarkierungen mit „Stop-and-go-Funktion" geregelt. Das Alter einer Markierung ist für die Signalfunktion bedeutend. Frische Urinmarken sind „Stop"-Marken. Verflüchtigen sich die Duftstoffe nach einiger Zeit, werden sie zu „Go"-Marken. Der Geruch ist nicht mehr so intensiv und lässt vermuten, dass der Konkurrent bereits weitergezogen ist. Ausgewachsene Kater markieren häufiger mit Urin, wenn sie herumstreunen, weibliche Tiere hingegen markieren öfter, wenn sie sich auf der Jagd befinden. Kothaufen ranghöherer Tiere werden auf erhöhten Positionen abgesetzt und nicht zugescharrt.

> **TIPP**
>
> **Verscharren oder nicht verscharren?**
> Wenn eine Ihrer Katzen den Kot in der Katzentoilette nicht verscharrt, ist sie wahrscheinlich die Ranghöchste im Katzenrudel und demonstriert so ihre Stärke. Das können sowohl Kater oder Kätzin sein. Bei einzeln gehaltenen Tieren kann ein Nicht-Verscharren des Kotes auch auf Probleme in der Mensch-Tier-Beziehung hinweisen.

Wangenreiben und Köpfchengeben

Katzen haben Duftdrüsen, die sich im Bereich rund um die Augen, das Maul und an den Wangen befinden. Auch die beiden Analdrüsen am After produzieren Duftbotschaften. Die Drüsen sondern Sekrete ab, die den individuellen Duft des Tieres tragen. Mit diesem „Parfum" werden nun Artgenossen und Gegenstände inklusive Tierhalter versehen. So freundlich Wangenreiben und Köpfchengeben sind, so haben sie doch einen Hintergedanken, nämlich die Kennzeichnung des Besitzes. Auch die Begrüßung durch Ihre Katze, wenn Sie nach Hause kommen, hat den Zweck, den Fremdgeruch, den Sie von draußen mitbringen, durch den eigenen Geruch zu ersetzen und Ihnen wieder den Stempel der Revierzugehörigkeit aufzudrücken.

Harnmarkieren im Wohnbereich

Meistens werden vertikale Objekte, aber auch persönliche oder neue Gegenstände des Tierbesitzers mit Urin markiert. Auch mancher Artgenosse oder Katzenhalter wurde mit Harn besprizt. Die Harnmarkierungen werden vorwiegend stehend mit erhobenem Schwanz und stark zitternder Schwanzspitze angebracht, kastrierte Tiere hocken meistens wie beim Urinieren. Unkastrierte Kater beginnen oft bei Erreichen der Geschlechtsreife mit dem Markieren. Eine Kastration kann das Problem beheben. Dennoch gibt es kastrierte Kater und Weibchen, die im Wohnbereich Harn spritzen.

Gegenseitige Fellpflege stärkt das Gemeinschaftsgefühl.

Manche Katzen hinterlassen plötzlich Harnmarkierungen, wenn Sie eine andere, neue Katze in der Nachbarschaft riechen oder wenn es zu Rangordnungsschwierigkeiten im Katzenrudel kommt. Einschneidende Veränderungen in der Umgebung wie Umzug, Umbau, neue Möbel, veränderte Interaktionen sowie ein Problem mit der Katzentoilette bewirken Stress und könnten weitere Ursachen sein. Mit zunehmender Besatzdichte und enger werdendem Lebensraum steigt die Wahrscheinlichkeit, dass Katzen im menschlichen Heim Markierverhalten zeigen. Zuweilen wird nicht nur mit Urin, sondern auch mit Kot markiert.

TIPP

Harnmarkieren
Harnmarkieren ist eine artgerechte Verhaltensweise des Kommunikationsverhaltens von Katzen. Im Gegensatz zur Unsauberkeit wird die Katzentoilette weiterhin von den Tieren benutzt.
Harnflecken auf Teppichen oder Polstermöbeln sollten niemals mit ammoniakhaltigen Putzmitteln gereinigt werden. Aufgrund der chemischen Ähnlichkeit des Ammoniaks zu Urin würde dies die Katze zu weiteren Harnmarkierungen veranlassen.

Auch *Spuren* sprechen ...

Durch die Schweißdrüsen an den Vorderpfoten wird beim Kratzen ein Sekret abgesondert, dass die Kratzspuren mit dem Geruch der Katze versieht. Die Kratzmarkierungen sind also ein für andere Katzen sicht- und riechbares Signal der Revierbegrenzung. Sowohl in freier Natur als auch im Haus bevorzugen Katzen häufig ein bestimmtes Objekt zum Kratzen. Doch das Kratzen dient nicht nur zum Signale setzen, sondern auch der Maniküre, denn dabei werden auch die alten, lockeren Außenschichten der Krallen abgezogen und frisches Horn freigelegt.

Mal sehen, welche Botschaft ich einritze.

Beachtliche *Sinnesleistungen*

Die Sinne sind sowohl bei unseren Haus- als auch bei Wildkatzen gleichermaßen gut ausgebildet und den Bedürfnissen eines Raubtieres angepasst. Es scheint fast, als ob die domestizierten Katzen zu differenzierteren Sinnesleistungen fähig wären, aufgrund ihrer Anpassung an das menschliche Leben.

▸ **Sehen**
Als dämmerungsaktive Jägerin muss die Katze auch in der Dunkelheit ihre Beute aufspüren und erlegen können. Ihr nächtliches Sehvermögen ist ausgezeichnet, und das Katzenauge ist auf die Wahrnehmung von Bewegung und Entfernung spezialisiert, was eine rasche Fixierung des Beutetieres erlaubt. In der Dämmerung sieht die Katze sechsmal besser als der Mensch, in totaler Finsternis können jedoch auch Katzenaugen nichts mehr erblicken. Entgegen der langjährigen Annahme sind Katzen nicht farbenblind. Mittlerweile ist bekannt, dass sie die Grundfarben sehen können, allerdings scheint das Farbsehen nur eine untergeordnete Rolle zu spielen.

▸ **Augentier**
Die Augen der Katze sind, wie beim Menschen auch, weit vorn im Schädel angesetzt und nach vorn gerichtet. Dadurch verfügt sie über ein räumliches Gesichtsfeld von 120 Grad, das die Wahrnehmung von

Beachtliche Sinnesleistungen

Entfernungen verbessert. Auf jeder Seite kommen noch 80 Grad Sicht dazu. Das ergibt ein Blickfeld von 280 Grad. Zusätzlich zu einem oberen und unteren Augenlid wird das Katzenauge von einem dritten Lid geschützt, der Nickhaut. Das ist eine dünne Membran im Augenwinkel, die dafür sorgt, dass der Augapfel immer ausreichend mit Tränenflüssigkeit versorgt wird.

Die Pupillen der Katze weiten sich bei Dämmerung zu Kreisen, damit mehr Licht aufgenommen werden kann und verengen sich bei intensivem Sonneneinfall zu Schlitzen. Eine lichtreflektierende Schicht, das Tapetum lucidum, befindet sich im Hintergrund und verbessert die Sehleistung in der Dämmerung. Das Licht, das nicht im Auge absorbiert wurde, wird nun nochmals auf der Netzhaut gespiegelt. So entsteht auch das geheimnisvolle Leuchten der Katzenaugen in der Dunkelheit, wenn sie von einem Scheinwerfer angestrahlt werden.

▶ **Riechen**
Im Vergleich zum Menschen mit über 2 bis 20 Millionen Geruchszellen ist die Katze mit 60 bis 70 Millionen Geruchszellen sehr viel besser ausgestattet. An der Spitze der Riechleistung steht jedoch der Hund mit 80 bis 220 Millionen Riechzellen. Die Katze setzt ihren Geruchssinn auch nicht auf der Suche nach Beute ein, wie die Hunde, sondern nur beim Verzehr der Beute und bei sozialen Kontakten mit Artgenossen und Menschen.

Dem aufmerksamen Blick der Jägerin entgeht nichts.

▶ **Herausgerochen**
Katzen sind in der Lage, sowohl ein einziges Geruchsmolekül als auch komplexe chemische Verbindungen wahrzunehmen. Das erklärt auch, wieso Katzen eine zu verabreichende Tablette im verführerischsten Leckerbissen erschnuppern können und sich nicht vom Menschen täuschen lassen. Es wird also nicht leicht, die Katze zu überreden.

INFO

Wie ist die Stimmungslage?
Abgesehen von den Veränderungen der Pupillen, die durch die jeweiligen Lichtverhältnisse bestimmt werden, sind verengte Pupillen ein Zeichen von Spannung, Interesse und Drohung, erweiterte Pupillen hingegen drücken Überraschung, Angst und Verteidigungsbereitschaft aus.

Katzen bevorzugen kleine Mahlzeiten über den Tag verteilt. Ruhe beim Fressen ist oberstes Gebot.

▸ **Flehmen**
Katzen besitzen ein Organ, das in seiner Funktionsweise zwischen dem Geruchs- und Geschmackssinn liegt. Das ist das Jacobsonsche Organ. Die Luft wird eingesaugt und die ungewohnten sowie anregenden Gerüche werden dadurch analysiert. Dabei ist das Maul leicht geöffnet, die Oberlippe wird hochgezogen, die Nase gerümpft und die Augen blicken vermeintlich ins Leere. Man nennt dies Flehmen und dies sieht für uns sehr komisch aus.

▸ **Schmecken**
Der Geschmackssinn der Katze ist nicht sehr stark ausgeprägt. Im Vergleich zum Menschen, der ungefähr über 9000 Geschmacksknospen verfügt, liegt die Anzahl der Geschmackszellen der Katze bei etwa 500. Die Katzenzunge kann Salziges, Saures und Bitteres unterscheiden. Süßes schmeckt sie nicht.

▸ **Hören**
Die Katze hat ein exzellentes Gehör und kann Frequenzen erfassen, die über das menschliche Hörvermögen und das von Hunden hinausgehen. Besonders empfänglich sind Katzenohren für Hochfrequenzlaute, wie sie zum Beispiel von kleinen Nagetieren hervorgebracht werden. Und auch wenn es scheint, als ob die Katze tief schlafen würde, so sind die Ohren immer in Bereitschaft, um nicht ein Rascheln und Piepsen einer Maus zu überhören. Die Ohrmuscheln selbst sind perfekt konstruierte Schalltrichter, die unabhängig voneinander auf eine Schallquelle ausgerichtet werden können. Auch wenn Katzen die Fähigkeit haben, Töne zu filtern oder einfach zu überhören, sollten Sie Ihrem Tier keine laute Musik oder ständige Geräuschkulissen zumuten.

> **INFO**
>
> **Riecht es appetitlich?**
> *Der Geruch der Nahrung spielt eine bedeutende Rolle und entscheidet, ob die Katze das Futter fressen wird oder nicht.*

Beachtliche Sinnesleistungen 31

Es gibt keine Beweise dafür, dass eine hungrige Katze mehr Mäuse fängt, als eine satte.

Tasten und Fühlen
Die Schnurrhaare auf der Oberlippe der Katze sowie die Haare über den Augen, an den Wangen und am Kinn sind Tasthaare. Sie werden auch Vibrissen genannt und reagieren auf geringe Berührungen. Sie sind Orientierungshilfe bei Dunkelheit und messen die Breite von Schlupflöchern. Bei der Jagd sind die Vibrissen entscheidend für den Erfolg, denn der Tötungsbiss wird dann gesetzt, wenn die Tasthaare die Beute berühren und die Position des Beutetieres stimmt. Wird das Mäuschen gefangen und vielleicht für die Kätzchen in das Katzenlager gebracht, geben die Schnurrhaare Auskunft, ob die Beute noch exakt zwischen den Zähnen sitzt.

Druckrezeptoren an den Pfoten
In den samtweichen Sohlenballen der Katze befinden sich Druckrezeptoren, die Erschütterungen wahrnehmen können. Die hochsensiblen Sinnesorgane in den Pfoten scheinen auch dafür verantwortlich zu sein, dass Katzen feinste Vibrationen lange vor einem bevorstehenden Erdbeben spüren können.

Fühlbare Kommunikation
Auch bei der als Einzelgänger abgestempelten Katze spielt die Kommunikation durch Körperkontakt wie Nasenkontakt, Aneinanderreiben der Körper, gegenseitige Fellpflege und Lecken, eine Rolle. Mit Hilfe des Körperkontaktes werden Bindungen aufgebaut und immer wieder bestätigt. Auch das Streicheln des Tieres durch den Menschen hat eine Bindungsfunktion: Die Katze verbindet mit der Berührung etwas Angenehmes.

INFO

Musik für Katzen
Es gibt auch Melodien, die speziell für Katzen komponiert wurden. Diese Musik wirkt beruhigend und harmonisch. (Nähere Informationen finden Sie im Serviceteil.)

Unglaubliche Fähigkeiten

▶ **Ein Leben im Balanceakt**
Katzen leben in der dritten Dimension. Nur aus der Höhe lassen sich das Revier und die „Machenschaften" der Artgenossen so richtig überblicken. Wer über Äste und Balkonbrüstungen tänzelt, muss ein exzellentes Balancegefühl und eine blitzschnelle Reaktion besitzen, um in unerwarteten Situationen nicht das Gleichgewicht zu verlieren. Das Gleichgewichtsempfinden der Katzen ist viel ausgeprägter als das des Menschen, und der Katzenschwanz dient als ausgezeichnete Balancierhilfe. Zum Beispiel, wenn eine Katze, die über ein schmales Mauerwerk tänzelt, einen Blick auf die Seite wagt, wird ihr Schwanz in die entgegengesetzte Richtung zeigen und ihr somit helfen, das Gleichgewicht zu wahren. Nicht nur kleine Kätzchen mit ihren dünnen „Rattenschwänzchen" haben Schwierigkeiten beim Balancieren, sondern auch schwanzlose Rassekatzen, wie die Manx.

▶ **Landung auf vier Beinen**
Der Stellreflex sorgt dafür, dass sich die Katze im freien Fall so dreht, dass sie auf allen vier Pfoten landet. Der Katzenschwanz wird dabei als Steuerungsruder eingesetzt. Die Katze landet jedoch nur dann auf allen Vieren, wenn die Zeit des Falles für ein Wendemanöver ausreicht. Bei Stürzen aus einer Höhe von weniger als zwei bis drei Metern fallen sie oft auf den Rücken und ziehen sich schwere Verletzungen zu, ebenso bei Abstürzen aus großen Höhen, wo die Beine die Wucht des Aufpralls nicht mehr abfangen können.

> **TIPP**
>
> **Sicherheitsnetze**
> *Sichern Sie Balkone und Fenster mit Katzennetzen ab und bewahren Sie Ihre Katze vor schwerwiegenden oder gar tödlichen Verletzungen durch einen Sturz.*

Unglaubliche Fähigkeiten

Beobachten, Klettern, Verstecken und Erkunden sind einige der Lieblingsaktivitäten von Katzen, nicht nur in freier Natur.

Die innere Uhr

Von Katzen weiß man, dass sie über einen beachtlichen Zeitsinn verfügen. Gerade in dicht besiedelten Gebieten überlappen sich die Reviere verschiedener Stadtkatzen mit Freilauf, und die Reviergrenzen können nicht von allen Katzen gleichzeitig begangen werden. Feste Zeiten für das Abschreiten können Abhilfe schaffen. So geht der freche Tiger aus Nachbars Garten vormittags auf Patrouille und die graue Katzendame schreitet nachmittags die Reviergrenzen ab. Sollte es doch unerwartet zu Sichtkontakt kommen, kann man einander still und ohne viel Aufsehen aus dem Weg gehen. Auch im übrigen Katzenalltag gibt es einen Zeitplan für diverse Aktivitäten, zum Beispiel für die Fütterung sowie für Schmuse- und Spielstunden. Die Mieze weiß auch, dass unter der Woche früh gefüttert wird, Frauchen und Herrchen jedoch am Wochenende etwas später aufstehen, um die Katzenmahlzeit zu servieren.

Audiovisuelles Gedächtnis

Katzen orientieren sich optisch und akustisch. Sie achten dabei vor allem auf vertraute Geräusche und Bewegungen. Dadurch wird im Gehirn ein so genanntes Hörbild gespeichert, welches die Orientierung auch über große Entfernungen möglich macht. Dadurch finden Katzen auch über weitere Strecken wieder nach Hause. Bei größeren Entfernungen (von mehr als 5 Kilometern) wird es für die Katze schwieriger. Tiere mit Freilauf sind gegenüber reinen Wohnungskatzen im Vorteil. Sie kennen das Revier mit allen markanten Hörbildern und finden sich daher leichter zurecht.

TIPP

Gewohnheitstier Katze
Katzen sind Gewohnheitstiere und so wird jede Veränderung, sei es im menschlichen Heim oder im Revier, registriert und untersucht. Ein ständiges Umstellen der Möbel in Ihrer Wohnung kann die Katze irritieren und Verhaltensprobleme auslösen.

Eine Katze kommt ins Haus

Das Sprichwort „Prüfe, wer sich ewig bindet!" hat auch in der Mensch-Tier-Beziehung seine Gültigkeit. Die Entscheidung für ein Tier und die Auswahl des neuen Familienmitgliedes sollten immer mit großer Verantwortung getroffen werden, um Enttäuschungen bei Mensch und Tier zu vermeiden.

Katzenfit?

Steht der Entschluss fest, das Leben mit einer Katze teilen zu wollen, gibt es vorerst eine Menge Fragen zu klären. Die grundlegendste aller Fragen, die Sie sich vor der Anschaffung überlegen sollten, ist: „Bin ich bereit für eine Katze?" Die Aufnahme eines Tieres in die Familie bringt nicht nur Freude, sondern auch einige Pflichten mit sich.
Als Tierhalter sind Sie zeitlebens für Ihr Tier verantwortlich. Die Tierheime beherbergen viele Katzen, deren Besitzer sich ihrer Verantwortung entledigt haben. Gehören Sie nicht zu den Menschen, denen eine Katze zugelaufen ist und die daher vom Tier ausgesucht worden sind, dann dürfen Sie die Auswahl Ihrer vierpfotigen Gefährtin treffen. Damit es eine Entscheidung mit einer harmonischen Zukunft wird, sollten Sie sich über Ihre Erwartungen an das Tier bewusst sein und bereit sein, Ihrer Katze ein artgerechtes Leben im menschlichen Heim zu ermöglichen.
Der nachfolgende Test zur „Katzentauglichkeit" soll Ihnen eine Entscheidungshilfe sein.

„Komm, spiel mit mir!"
Vertrauensvoll geht Mieze auf den Menschen zu.

CHECK

Sind Sie Katzenfit?   ja   nein

Sind Sie die Hauptbezugsperson für die Katze?   ☐   ☐

Sollten Sie als Single leben, haben Sie jemanden in der Familie oder im   ☐   ☐
Bekanntenkreis, der sich um Ihre Katze kümmern kann, wenn Sie ver-
reisen oder ins Krankenhaus müssen?

Können Sie Ihrer Katze ein artgerechtes Leben bieten? Verfügen Sie über   ☐   ☐
das nötige Wissen über Katzenhaltung und -ernährung und sind Sie
bereit, in Fachbüchern nachzulesen oder Experten um Rat zu fragen?

Lässt Ihr Beruf genügend Zeit für die Betreuung einer Katze?   ☐   ☐
Dazu gehören neben Fütterung und Pflege tägliche Spiel- und
Schmuseeinheiten.

Sind alle im selben Haushalt lebenden Familienmitglieder mit der Katze   ☐   ☐
einverstanden?

Werden Katzenhaare toleriert? Sollte ein Familienmitglied an einer   ☐   ☐
Allergie leiden, könnte es Probleme geben.

Gestattet Ihr Vermieter die Haltung von Tieren in der Wohnung?   ☐   ☐

Sind Sie bereit, Ihre Wohnung katzengerecht zu gestalten, unter anderem   ☐   ☐
auch Fenster und Balkon mit einem Sicherheitsnetz auszustatten?

Können Sie mit eventuellen Kratzspuren an Möbeln oder Tapeten leben?   ☐   ☐

Haben Sie die finanziellen Belastungen bedacht, die eine Katze mit sich   ☐   ☐
bringt? Kosten für Futter, Katzenstreu, Katzenzubehör und Spielsachen,
Versicherungsschutz, Tierarzt etc.

Konnten Sie alle Kästchen mit Ja beantworten, dann sind Sie „katzenfit".
Ihre Katze wird sich glücklich schätzen, mit Ihnen ihr Revier zu teilen.

Die richtige Wahl

Wenn Sie sich entschlossen haben, Ihr Heim mit einer Katze zu teilen und auch den vorherigen Test zur „Katzenfitness" bestanden haben (alle Fragen wurden mit Ja beantwortet), müssen Sie sich nun entscheiden, ob es ein Katzenkind oder eine bereits ausgewachsene Katze sein soll, ob Sie lieber eine Katze oder einen Kater haben wollen und ob Sie ein Rassekätzchen oder eines ohne Stammbaum möchten. Oftmals werden wir von Wunschbildern oder Erinnerungen geleitet. Die geliebte Katze, die uns in der Kindheit oder viele Jahre unseres Lebens begleitete, wird zur Verkörperung des idealen Gefährten. Dieses Bild ist oft ausschlaggebend bei der Wahl der neuen Katze, was Aussehen, Fellfarbe oder auch Wesenszüge betrifft. Die Neue soll am besten genauso sein.

▶ **Klein oder doch lieber groß?**
Jungtiere leben sich in der Regel schneller ein. Sie sind verspielt, neugierig und besonders lernfähig. Durch ihr possierliches Aussehen und die tollpatschigen Bewegungen gewinnen sie jeden für sich. Wenn Sie berufstätig sind, sollten Sie am besten gleich zwei Kätzchen nehmen, damit sie einander tagsüber Gesellschaft leisten können. Wenn das Brüderchen oder Schwesterchen dabei ist, wird der Trennungsschmerz von der Katzenmama etwas gelindert.
Bedenken Sie allerdings auch, dass zwei Katzen ihre täglichen Spiel- und Schmusezeiten benötigen. Außerdem kommen Katzenkinder in der ersten Zeit einem 24-Stunden-Job gleich: Sie müssen häufiger gefüttert werden, sind oftmals noch nicht stubenrein und stellen mit ihrer unbändigen Unternehmungslust auch gern mal die Wohnung auf den Kopf.

Zu zweit ist alles schöner: Spielen, Raufen und Fressen.

Ausgewachsene Tiere benötigen in der Regel etwas mehr Zeit, um sich im neuen Zuhause einzugewöhnen. Katzen aus dem Tierheim sind oft durch die Hände mehrerer Besitzer gegangen und haben schlechte Erfahrungen gemacht, die teilweise noch nicht verarbeitet wurden. Oftmals sind die Tiere nicht an Artgenossen, Hunde oder Kinder gewöhnt. In diesen Fällen ist Geduld, Einfühlungsvermögen und die Unterstützung eines Tierpsychologen hilfreich. Die Vorteile, die Katzen mit einem gewissen Alter bieten, sind in der Regel Sauberkeit und Selbstständigkeit.

▸ Katze oder Kater?

Katzen sollen angeblich kapriziös sein und Kater umgänglicher. Auf dem Geschlecht beruhende Verallgemeinerungen sollten Sie bei der Auswahl Ihres Tieres nicht berücksichtigen. Jedes Tier ist eine eigenständige Persönlichkeit, dessen Verhalten zu einem bedeutenden Anteil von der Umwelt geprägt wird. Zuneigung, Pflege und Beschäftigung spielen dabei eine besonders große Rolle. In der Paarungszeit werden nicht kastrierte Tiere jedoch oft zur Belastungsprobe für die Mensch-Tier-Beziehung. Während paarungswillige Weibchen mit lauten, durchdringenden Schreien nach einem Kater rufen, markieren liebestolle Männchen ihr Revier, wollen außer Haus und prügeln sich in der Folge mit den übrigen Männchen in der Umgebung. Eine Kastration kann hier Abhilfe schaffen und erspart Mensch und Tier eine Menge Stress.

▸ Klasse mit Rasse ...

Wenn Sie auf ein bestimmtes Aussehen der Katze Wert legen, dann sind Sie wohl der Typ für eine Rassekatze. Durch gezielte Auswahl bestimmter Merkmale entstanden unterschiedliche Katzenrassen. Je nach Standard werden den Tieren entsprechende körperliche Merkmale und verschiedene Wesenszüge zugeordnet. So wird die Perserkatze oftmals als friedfertig und ruhig beschrieben, während man die Siamkatzen als lebhaft und aufgeschlos-

Wenn sich die Maus doch endlich mal bewegen würde!

sen bezeichnet. Rassekatzen sind nicht günstig: Je nach Rasse und gemessen an den Auszeichnungen, die die Elterntiere auf Katzenausstellungen erhalten haben, kann der Nachwuchs schon mal 1000 Euro kosten.

... oder Felix von der Wiese?

Der vermutlich größte Anteil aller Katzen sind Hauskatzen. Sie kosten in der Anschaffung weniger als eine Rassekatze. Hauskatzen stehen ihrer adeligen Verwandtschaft in nichts nach und für uns Katzenfans sind sie alle anziehend und charmant, ungeachtet ihrer Herkunft. Während die Wesensmerkmale bei Rassekatzen einigermaßen vorhersehbar sind, gleicht die Hauskatze hingegen einem Überraschungsei. Man weiß nicht, wie das Kätzchen aussehen wird und welche Charaktereigenschaften es von Mama Katze oder Papa Kater als Startkapital erhalten hat. Aber diese Ungewissheit macht sicherlich den Reiz für viele Katzenfreunde aus.

Wo gibt es die Traumkatze?

Katzen werden sowohl von Einzelpersonen als auch von Vereinen abgegeben beziehungsweise zum Kauf angeboten. Sie können Katzen aus privater Hand, aus einem Tierheim oder bei einem Züchter erwerben. Oder Sie schenken einem Findelkind oder einer Bauernhofkatze ein neues Zuhause. Alle Katzen, ob aus dem Tierheim, Haus- oder Rassekatzen, haben die gleichen Bedürfnisse und haben unseren Respekt verdient. Bedenken Sie bitte, dass auch die beste Beratung durch das Tierheim oder den Züchter keine Garantie gibt, dass das Zusammenleben mit der Katze problemlos abläuft. Jede Katze kann eine Traumkatze sein, sie hat jedoch unsere volle Aufmerksamkeit verdient!

Unter Anleitung lernt der kleine Marc, wie man behutsam mit einem Kätzchen umgeht.

WICHTIG

Keine Spontankäufe
Lassen Sie sich zu keinen Spontankäufen hinreißen, vor allem nicht bei Katzen aus privater Hand. Beobachten Sie das Tier und machen Sie sich immer ein Bild von der Haltung der Katze.

CHECK

Die Katze aus dem Tierheim
Sprechen Sie mit den Angestellten des Tierheimes über das Tier. Achten Sie darauf, wie sie über die Katze sprechen. Nachfolgende Fragen sollten Sie an das Personal des Tierheimes stellen:

❑ Was ist über die Herkunft des Tieres oder die vorherigen Besitzer bekannt?

❑ Wieso und unter welchen Umständen wurde das Tier abgegeben?

❑ Ist die Katze mit Artgenossen verträglich?

❑ Ist sie an Kinder und Hunde gewöhnt?

❑ Hat das Tier Vorlieben betreffend Spielsachen oder Futter? Besteht eine Futtermittelunverträglichkeit oder benötigt das Tier eine spezielle Diät?

❑ Konnten die Betreuer Verhaltensauffälligkeiten wie aggressives oder ängstliches Verhalten beobachten?

Eine Katze aus dem Tierheim
Wenn Sie sich entschieden haben, einer Katze aus dem Tierheim ein Zuhause zu geben, sollten sie zuerst ein detailliertes Beratungsgespräch mit den dortigen Mitarbeitern suchen. Die Erwartungen des Menschen an seinen tierischen Freund und die Eigenschaften der infrage kommenden Tiere sollten aufeinander abgestimmt werden. Ein gutes Tierheim wird Ihnen Fragen über Ihre Persönlichkeit, Lebensumstände und Erwartungen an den neuen Gefährten stellen. Mithilfe dieser Informationen kann das richtige Tier für Sie gefunden werden. Ältere Menschen, die körperliche Probleme haben, können mit jungen, übermütigen Kätzchen, die auf Schränken und Regalen auf Erkundungstour gehen, überfordert sein. Ältere Tiere oder Vertreter einer ruhigeren Katzenrasse sind oft gute Partner für Senioren.

In einem seriösen Tierheim sollten Gesundheits-Check, Impfungen und Entwurmungen durch hauseigene Tierärzte gewährleistet sein.
Bei schwierigen Tieren sollte der zukünftige Besitzer in vollem Umfang über die Problematik in Kenntnis gesetzt und aufgeklärt werden.
Bedenken Sie bei der Beurteilung der Katze, dass sie schon mindestens drei Tage im Tierheim sein sollte. Neuankömmlinge durchlaufen eine Eingewöhnungsphase und können daher andere Verhaltensweisen zeigen als sonst. Für den Notfall sollten Sie ein Rückgaberecht des Tieres vereinbaren. Es kann durchaus sein, dass eine Katze sich mit einer bereits im Haushalt lebenden Katze nicht verträgt. Dies kommt vor, wenn eines der beiden Tiere in der frühen Jugend keinen ausreichenden Kontakt zu Artgenossen hatte.

▶ **Katze mit Stammbaum**
Rassekatzen werden in drei große Gruppen eingeteilt: in Langhaar-, Halblanghaar- und Kurzhaarkatzen. Zu den Langhaarkatzen zählen nur die Perser. Eine typische Vertreterin der Halblanghaarkatzen ist die Maine Coon, die Siam gehört zu den Kurzhaarrassen. Je nach Standard schreibt man Rassekatzen ein entsprechendes Aussehen und bestimmte Wesenszüge zu. So werden die Perser und Britisch Kurzhaaar oftmals als friedfertig und ruhig beschrieben, während man Siam, Burma und Co. als lebhaft und aufgeschlossen bezeichnet.
Wenn Sie eine Rassekatze kaufen wollen, sollten Sie sich an qualifizierte Züchter wenden. Sie gehören einem anerkannten Rassezuchtverein an, kennen die Eigenarten der Rasse und wissen über ihre Tiere sehr gut Bescheid.

Liebenswert, ob mit oder ohne Stammbaum.

CHECK

Basics für Stubentiger
Zur artgerechten Katzenhaltung benötigen Sie auch die passende Grundausstattung. Nachfolgend eine Liste der Basics, die Ihr Stubentiger benötigen wird:

- ❏ Futter- und Wassernapf
- ❏ Katzenbaum und Kratzbrett
- ❏ Katzentoiletten inklusive Einstreu
- ❏ Pflegeutensilien (Bürste, Kamm)
- ❏ Schlafplatz (Kissen und Decke)
- ❏ Spielzeug
- ❏ Transportbox

▶ **Züchterplus**
Auf folgende Punkte sollten Sie achten, wenn Sie eine Rassekatze bei einem Züchter erwerben:
Familienanschluss Katzen leben und wachsen in der Familie des Züchters auf. Dieser hat sich auf ein oder zwei Rassen spezialisiert und hält eine begrenzte Anzahl von Tieren, der Größe und Ausstattung der Zuchtstätte entsprechend.
Umfeld Die Tiere leben in einer katzengerechten Umgebung. Die Schlafplätze, Katzentoiletten und Fütterungsplätze sind sauber.
Gesundheit Die Kätzchen machen einen gesunden und lebhaften Eindruck. Selbstverständlich sind sie geimpft und entwurmt.
Kompetenz Sie dürfen Ihr Kätzchen bereits vor dem Abholtermin kennen lernen. Das Katzenkind wird erst mit zwölf Wochen von der Mama und den Geschwisterchen getrennt. Der Züchter geht auf Ihre Fragen und Probleme ein und hat auch nach dem Kauf der Katze ein offenes Ohr für Sie.
Kaufvertrag Ein Kaufvertrag ist für Rassekatzen unbedingt erforderlich! Meistens verwenden die Züchter Vordrucke, die die Zuchtvereine zur Verfügung stellen. Beim Kaufabschluss erhalten Sie auch den Zuchtnachweis Ihrer Katze. Den Auszug aus dem Zuchtbuch oder Zuchtregister des Vereins nennt man auch Stammbaum. Darin sind Rasse, Geschlecht, Farbe, Geburtsdatum, Registriernummer, Zucht- und Eigenname sowie die Vorfahren eingetragen.

Bald ist es so weit!

Wenn Sie eine Katze ausgewählt haben, sind noch einige Vorbereitungen notwendig, um dem neuen Familienmitglied einen optimalen Start zu ermöglichen. Mit Ungeduld wird die Ankunft dieses faszinierenden Lebewesens erwartet, das die Menschheit schon so lange Zeit begleitet.

Erstausstattung

Viele zukünftige Katzenbesitzer stürzen sich ins Kaufgetümmel, damit es ihrer Samtpfote an nichts mangelt. Schlafhöhle, Katzentoiletten, Katzenbaum, Futter und Wassernapf, Transportbox, Spielsachen und diverse Pflegeutensilien benötigen Sie als Grundausstattung.

Damit sich das Tier leichter bei Ihnen einleben kann und an Selbstbewusstsein gewinnt, sollte Ihre Wohnung bereits katzengerecht eingerichtet sein, bevor das neue Familienmitglied einzieht. Doch die Auswahl der Ausstattung fällt gar nicht so leicht, da es im Fachhandel ein riesiges Angebot gibt. Manche Sachen wurden mit Freude von ihren Besitzern gekauft, während die Katze die gut gemeinten Geschenke verschmähte.

Bedenken Sie bitte auch, dass Sie die optimale Ernährung für Ihr Tier besorgen. Katzen müssen entsprechend den Bedürfnissen der unterschiedlichen Lebensphasen ernährt werden. Das heißt, ein Kätzchen soll eine andere Nahrung erhalten als eine ausgewachsene beziehungsweise ältere oder kranke Katze!

Katzen mögen es nicht, wenn Futter- und Wassernapf unmittelbar nebeneinander stehen.

Futter- und Wassernapf

Modelle gibt es aus Edelstahl, Kunststoff oder Keramik. Wichtig ist, dass der Napf standsicher und gut zu reinigen ist. Ein Gummirand am Napf oder eine untergelegte Gummimatte verhindern, dass Mieze beim Fressen quer durch den Raum wandert. Suchen Sie für den Futternapf eine ruhige Ecke aus, in der Ihre Katze ungestört fressen kann. Die Wasserschüssel sollte mindestens ein bis zwei Meter vom Futternapf entfernt stehen. Wenn Sie zwei Tiere haben, sollte für jede Katze ein eigener Futternapf zur Verfügung stehen, damit es nicht zu Streitereien um die besten Leckerbissen kommen kann.

und der Katze von oben einen guten Überblick über das Revier bietet. Wenn Sie den Baum an das Fenster stellen, vergrößern Sie das Revier visuell: Ihre Katze kann nun auch die Außenwelt im Auge behalten.

Je abwechslungsreicher die Wohnung für die Katze gestaltet wird, desto wohler fühlt sich Mieze.

Wichtig ist, dass der Kratzbaum über eine große Standfläche und gute Statik verfügt, damit er nicht wackelt oder gar umkippt, wenn die Katze an ihm hochklettert oder sich akrobatischen Übungen hingibt. Sisalumwickelte Stämme bieten sich zum Krallenschärfen an. Zusätzlich sollten Sie Ihrer Katze auch andere Kratzmöglichkeiten wie Kratzbretter anbieten. Nur so können Sie sicher sein, dass Sofa und Teppiche von den Krallen verschont bleiben.

Kratzbaum und Kratzbrett

Der Katzenbaum ist für die Katze Spielplatz, Klettergerät, Aussichtsturm und Liegestelle. Achten Sie darauf, dass Sie einen Kratzbaum auswählen, der mehrere Etagen hat,

Katzentoilette und Einstreu

Katzen setzen in freier Natur Kot und Urin nie an der selben Stelle ab und halten dabei einen Abstand von ein bis zwanzig Metern ein. Um einer artgerechten Haltung zu entsprechen, sollten einer Wohnungskatze daher zwei Katzentoiletten zur Verfügung stehen. Bei mehreren Tieren sollte für jedes Tier eine Toilette bereitstehen. Katzen sind sehr anspruchsvoll, was das „stille Örtchen" betrifft. Die Anzahl der Toiletten, die Standorte, die Einstreu, die Reinigung, ja auch das Toilettenmodell sind entscheidend, ob Mieze „stubenrein" bleibt.

▸ **Pflegeutensilien**
Haben Sie sich für eine Langhaar- oder Halblanghaarkatze entschieden, benötigen Sie einen Kamm oder eine Bürste für die tägliche Fellpflege. Aber auch Kurzhaarrassen lieben es, mit einem Noppenhandschuh gebürstet zu werden. Zudem stärkt das tägliche Bürsten die Bindung zwischen Ihnen und Ihrer Katze.

▸ **Schlafplatz und Ruhebereich**
Katze lieben kuschelige, warme Schlafplätze, auf denen sie entspannt vor sich hindösen können. Der Ruhebereich ist für die Katze von großer Bedeutung, denn er befindet sich im Mittelpunkt ihres Heimbereichs und ist ihr Zufluchtsort. Ihre Katze sollte sich jederzeit zurückziehen können, wenn sie das Bedürfnis hat, und wissen, dass ihr Rückzugsbereich von Mensch und Hund respektiert wird.
Es gibt eine Vielzahl von Katzenschlafplätzen: von Liegekissen mit Styroporkügelchenfüllung über Plüschhöhlen und -häuschen bis zu Weidenkörbchen.

Bieten Sie Ihrer Katze mehrere Schlafplätze an, auch wenn Mieze meistens ihre eigenen Vorstellungen hat, und manchmal einen Karton mit Kuscheldecke der teuren Plüschhöhle vorzieht.
Achten Sie jedoch darauf, dass der Platz vor Zugluft geschützt ist, und auch einen Kälteschutz vor Steinböden und Fliesen bietet. Die Katze sollte sich bequem ausstrecken können. Eine Decke oder ein Kissen machen die Schlafstätte wohlig warm. Waschbare Bezüge erleichtern Ihnen die Reinigung.

Hier bin ich mit meinem Mäuschen in Sicherheit und kann beobachten, was die da unten so treiben.

TIPP

Einmal Bett, immer Bett
Wenn Sie Ihrer Katze einmal erlauben, in Ihrem Bett zu schlafen, wird sie Ihr Recht auch in Zukunft einfordern. Sind Ihnen Katzenhaare im Bett und nächtliche Ruhestörungen zuwider, darf die Katze von Anfang an nicht ins Bett.

CHECK

Katzenklo-Guide

☐ **Standorte müssen sorgfältig ausgewählt werden!**
Bevorzugt werden Plätze, die der Katze eine gewisse Privatsphäre zugestehen. Belebte Stellen in der Wohnung mit „Durchgangsverkehr" sind bei Katzen nicht beliebt. Da frei laufende Katzen niemals ihre Schlaf- oder Futterplätze mit Urin und/oder Kot beschmutzen, sollten die Katzentoiletten nie neben dem Futter-, Trink- oder Schlafplatz aufgestellt werden.
Die Katzentoiletten sollten für die Tiere leicht und jederzeit zugänglich sein. Steht das Katzenklo im Badezimmer, müssen Sie darauf achten, dass die Tür immer einen Spalt geöffnet ist. Haben Sie ein Haus, dann sollten Sie in jedem Stockwerk eine Toilette aufstellen. Katzen stellen eine Art Kosten-Nutzen-Rechnung auf und benutzen die Toilette, die leichter erreichbar ist. Wenn Sie die Toilette auf den Dachboden oder in den hintersten Winkel des Kellers verbannen, dann wird sie sich einen leichter zugänglichen Platz suchen, und das könnte auch der Wohnzimmerteppich sein.

☐ **Je größer, umso komfortabler!**
Auf jeden Fall sollten Sie eine Mindestgröße von 40x50 cm einhalten. Toiletten in Form eines Dreiecks passen zwar schön in Zimmerecken, sind jedoch meistens zu klein und daher ungeeignet.

☐ **Niedriger Aufsatzrand oder Toilettenaufsatzhaube**
Ein kleiner Aufsatzrand verhindert, dass die Einstreu beim Graben in der Umgebung verstreut wird. Der Rand wie auch die Aufsatzhaube muss mit dem unteren Behältnis der Katzentoilette dicht abschließen. Die Höhe des Aufsatzes muss so gewählt werden, dass die Katze leicht eine aufrechte Hockhaltung einnehmen kann, ohne sich den Kopf zu stoßen.
Viele Tiere kommen problemlos mit dem Aufsatz zurecht, wenn das Lebensumfeld der Katze in Ordnung ist, und der Tierhalter die Hygieneregeln einhält. Für empfindliche Katzennasen kann jedoch der Geruch, der sich unter der Toilettenhaube konzentriert, so zur Belästigung werden, dass sie ab sofort die Benutzung der Toilette ablehnt.

❏ **Sonderfall Tür**
Katzen mögen meist keine Schwingtüren an Katzentoiletten mit Aufsatzhaube. Sie können Schwierigkeiten vermeiden, wenn sie diese Tür aushängen und der Katze so ungehinderten Zugang verschaffen. Es kann vor allem bei der Mehrkatzenhaltung vorkommen, dass eine Katze gerade durch die Tür möchte, während eine andere ihr Geschäft erledigt.

❏ **Einstreu: die Qual der Wahl**
Klumpstreu aus saugfähigem Tonmaterial, Silikatstreu, die in vielen mikroskopisch kleinen Hohlräumen große Flüssigkeitsmengen aufnehmen kann, oder nicht klumpende Streu aus Quarz- oder Sandgranulat? Im Endeffekt entscheidet die Katze, welche Einstreu sie bevorzugt. Sie können das ganz leicht herausfinden: Füllen Sie in eine Katzentoilette die
Einstreu A, in die andere die Einstreu B. Ihre Katze wird das Katzenklo mit der bevorzugten Einstreu häufiger benutzen. Hat Ihre Katze sich für ein Lieblingsprodukt entschieden, sollten Sie keine Experimente starten. Sie könnten sich sonst ein eventuelles Unsauberkeitsproblem einhandeln, wenn die Katze die Toilette aufgrund der Einstreu nicht mehr verwendet.
Da Katzen gern in der Einstreu scharren, sollte die Streuhöhe ungefähr 7 cm betragen.

❏ **Reinigung**
Katzen haben empfindliche Nasen und legen größten Wert auf eine gereinigte Katzentoilette. Entfernen Sie ein- bis zweimal täglich die verschmutzte Einstreu, die gesamte Katzentoilette wird wöchentlich komplett entleert und mit warmen Wasser und einem milden Reinigungsmittel gesäubert. Verwenden Sie keine scharf riechenden Reinigungs- oder Desinfektionsmittel, denn sie beleidigen die empfindliche Katzennase und machen die Toilette zum Sperrgebiet.

Sie bewegt sich, sie bewegt sich nicht. Wenn mein Mensch das Mäuschen doch mal anstupsen könnte.

▸ **Spielzeug**
Alle Katzen spielen gern, und im Fachhandel gibt es große Auswahl an katzengerechten Spielsachen. Aber auch einfache Dinge aus dem Haushalt, wie leere Zwirnrollen oder Papierbälle, können unsere Samtpfoten eine Zeit lang beschäftigen. Vorsicht ist bei Gummibändern und auch bei kleinen Teilen geboten, die die Katze leicht verschlucken kann. Zu den bevorzugten Spielpartnern gehört sicherlich der Mensch.

▸ **Transportbox**
Für Reisen und auch für Tierarztbesuche benötigen Sie eine stabile und pflegeleichte Transportbox. Es gibt Kunststoffbehälter, Tragetaschen oder Weidenkörbe. Wählen Sie eine Transportbox, die sich oben öffnen lässt, oder eine, wo der obere Teil einfach abgenommen werden kann. Das ist wichtig, sollte sich die Katze weigern, beim Tierarzt aus der Box herauszukommen.

Wenn Sie den Kennel – so wird die Transportbox unter Katzenprofis genannt – in der Wohnung frei zugänglich stehen lassen, kann sich die Katze an ihn gewöhnen. So wird die Transportbox nicht zum gehassten Objekt, das nur zum Vorschein kommt, wenn es zum Tierarzt geht.

Katzensichere Wohnung

Katzen sind neugierig und bei ihren regelmäßigen Streifzügen durch die Wohnung gibt es viel zu entdecken. Da unsere Stubentiger mögliche Gefahrenquellen nicht abschätzen können, muss der Katzenhalter diesbezügliche Vorsorge treffen. „Augen auf" heißt es nicht nur bei ausgewachsenen Tieren, sondern auch bei kleinen Kätzchen, die im jugendlichen Übermut schnell in brenzlige Situationen geraten.

Kleine Kätzchen sollten Sie, wie Kleinkinder auch, nicht aus den Augen lassen. Schnell schaukelt Klein Mieze an den Vorhängen, versucht in der mit Wasser gefüllten Badewanne zu tauchen oder einen Balanceakt auf dem Treppengeländer hinzulegen.

Gefahrenzone Küche

Die Küche ist ein Magnet für Vierbeiner, da das der Raum ist, in dem die meisten Katzen ihre Futter- und Wasserschüssel stehen haben. Wenn es aus der Küche verführerisch duftet, versucht so mancher Stubentiger ein Stück Festtagsbraten und andere Leckereien abzustauben. Unsere Speisen sind jedoch meistens nicht für unsere Vierbeiner geeignet. Vor allem salzige, stark gewürzte Gerichte können der Katze große gesundheitliche Beschwerden bereiten. Während wir höchstens zunehmen, wenn wir Schokolade essen, kann der Schokogenuss für Katzen lebensbedrohend sein. Auch Alkohol und Küchenabfälle wie Fischgräten und Hühnerknochen sind nichts für Katzen. Achten Sie daher darauf, dass der Abfalleimer immer gut verschlossen ist und Mieze sich nicht selbst bedienen kann. Wenn Sie gerade kochen und die Herdplatten oder Kochfelder in Betrieb sind, hat Ihre Katze nichts in der Küche verloren. Zu hoch ist das Risiko, dass sich Ihr Stubentiger die Pfoten verbrennt. Gerade bei Elektroherden ist es für das Tier nicht ersichtlich, ob die Herdplatte heiß ist. Auch an der Sohle des sich im Gebrauch befindlichen Bügeleisens kann sich die Katze schwere Verbrennungen zuziehen. Schnell springt der Stubentiger auf das Bügelbrett, um an der frischen Wäsche zu riechen oder dieses seltsame dampfende Ding zu erkunden.

Katzen haben auf Küchenzeilen nichts verloren, auch wenn sie das oft anders sehen.

▶ **„Messer, Nadel, Schere, Licht ..."**
... ist für kleine Katzen nicht". Kaum ein Tier ist neugieriger als eine Katze. Und da alles im Revier erkundet werden muss, sollten Sie mit spitzen und scharfen Gegenständen besonders vorsichtig sein und diese sofort nach Gebrauch wegräumen. Aber auch Kleinteile, wie Gummiringe, Knöpfe oder Haarnadeln, verleiten Mieze zum Spielen und sind im Eifer des Gefechts schnell verschluckt. Sie führen im Magen-Darm-Trakt zu gesundheitlichen Problemen bis hin zum Darmverschluss.
Brennende Kerzen dürfen niemals unbeaufsichtigt bleiben, da offenes Feuer ebenso anziehend wie gefährlich für Katzen ist.
Unsachgemäß oder nicht in Kabelkanäle verlegte Stromkabel oder -leitungen sind gerade bei jungen Kätzchen beliebt, lässt es sich doch so herrlich auf den weichen „Plastikschlangen" herumkauen.

▶ **Vorsicht, giftig!**
Putz- und Reinigungsmittel, Waschmittel, Chemikalien, Lacke, Sprays sowie Medikamente (Aspirin ist für Katzen zum Beispiel hochgiftig) gehören für Kinder und Katzen unter Verschluss.
Besondere Vorsicht ist geboten, wenn Sie Böden mit diversen chemischen Mitteln behandelt haben. Läuft Ihr Stubentiger über den noch nicht trockenen Boden, kann etwas von der Reinigungssubstanz an den Pfoten hängen bleiben oder ins Fell geraten. Bei der Körperpflege nimmt die Katze das Mittel mit der Zunge auf und kann sich dabei vergiften. Auch eine Reihe von Zimmer- und Gartenpflanzen sind für Katzen giftig und sollten daher zum Wohl des Tieres aus der Wohnung verbannt werden.

▶ **Höhlen und Aussichtswarten**
Zu den Grundbedürfnissen der Katze gehört, sich verstecken zu können und das Revier zu überblicken. Daher üben dunkle Höhlen ebenso wie erhöhte Positionen eine große Anziehungskraft auf Katzen aus. In der menschlichen Wohnung lässt es sich herrlich verstecken, doch so mancher vermeintlich kuscheliger Schlupfwinkel entpuppt sich als äußerst gefährlich. Besonders beliebt sind Taschen zum Verkriechen. Handelt es sich jedoch um Plastiktüten, besteht die Gefahr, dass sich die Katze in ihr verheddert und eventuell erstickt. Ihrer Katze und auch der Umwelt zuliebe sollten Sie daher Papiertüten oder Einkaufstaschen aus Stoff verwenden.
Auch Kleiderschränke oder Schubladen können zur Falle werden, vor allem, wenn die Katze darin eingeschlossen wird und Frauchen oder Herrchen für längere Zeit das Haus verlässt.

> **TIPP**
>
> **Anzeichen von Vergiftungen**
> Vergiftungsanzeichen können sein: starkes Speicheln, Erbrechen, Krämpfe, Durchfall, Apathie, Bewusstlosigkeit. In allen Fällen sollten Sie sofort den Tierarzt aufsuchen.

Katzensichere Wohnung

Katzen betrachten gern die Welt von einem schönen Aussichtspunkt aus.

Kontrollieren Sie vor jedem Waschgang die Waschmaschine beziehungsweise den Wäschetrockner, ob Mieze nicht gerade dieses Versteck für ein Nickerchen auserkoren hat. Vom Balkon oder vom offenen Fenster lässt sich die Aussicht richtig gut genießen, aber nur, wenn ein Katzennetz zur Sicherheit gespannt wurde. Auch meisterhafte Akrobaten wie die Katze können beim Balanceakt in luftiger Höhe durch einen vorbeifliegenden Vogel abgelenkt werden. Stürze in die Tiefe enden meistens mit katastrophalen Folgen. Besonders gefährlich sind ungesicherte Kippfenster. Durch den geöffneten Spalt versucht so mancher Katzenausreißer ins Freie zu gelangen und bleibt darin hängen. Beim Versuch, sich zu befreien, rutscht das Tier nach unten und wird in dem sich verjüngenden Fensterspalt eingeklemmt. Nicht nur Fenster sollten Sie mit einer Kippfenstersicherung versehen, sondern auch Türen im Wohnungsbereich durch Türstopper fixieren.

> **TIPP**
>
> **Gefährliche Pflanzen**
> - Adlerfarn, Alpenrose, Alpenveilchen, Azalee
> - Becherprimel, Buchsbaum, Buschwindröschen
> - Christrose
> - Dieffenbachie
> - Efeu, Eisenhut
> - Fensterblatt, Feuerbohne, Fingerhut
> - Ginster, Goldregen, Gummibaum
> - Herbstzeitlose, Hortensie, Hyazinthe
> - Kalla, Kartoffelkraut, Korallenbäumchen
> - Leberblümchen, Lorbeer, Lupine
> - Maiglöckchen, Mistel
> - Narzisse
> - Oleander
> - Pfaffenhütchen, Philodendron, Primel
> - Rhododendron, Rittersporn, Rizinus, Robinie
> - Tabak, Tanne, Tollkirsche, Tomate, Tulpe
> - Wacholder, Weihnachtsstern, Wiesenküchenschelle, Wurmfarn
> - Zwergholunder
>
> *Fragen Sie Ihren Blumenhändler vor dem Kauf einer Pflanze um Rat, ob die Pflanze für Katzen giftig ist. Auch Glanzsprays für Pflanzenblätter sind gefährlich. Die Liste der oben angeführten für Katzen giftigen Pflanzen erhebt keinen Anspruch auf Vollständigkeit.*

Zu zweit macht es viel mehr Spaß als allein.

Hallo Katze!

Endlich ist es so weit, das Warten hat ein Ende, und alles ist schon für die Ankunft des neuen Familienmitgliedes vorbereitet. Wenn Sie das Kätzchen vom Züchter oder die Katze aus dem Tierheim abholen, ist es ratsam, dass Sie in Begleitung fahren. Dann kann sich einer um die Katze kümmern und ihr beruhigend zureden, während der andere fährt. Aus Sicherheitsgründen sollten Sie die Katze immer in einer Transportbox befördern. Legen Sie den Korb oder die Box mit einer weichen und waschbaren Unterlage oder Decke aus, damit sich die Katze wohler fühlt.

Bei niedrigen Außentemperaturen sollten Sie die Heizung im Fahrzeug einschalten. Herrschen sommerliche Temperaturen, sollte die Katze nicht in der Zugluft sitzen.

Sowohl für ein Kätzchen als auch eine ausgewachsene Katze ist die Ankunft im neuen Heim ein einschneidendes Erlebnis. Das Kätzchen wird von der Mutter und seinen Geschwisterchen getrennt und muss sich auf eine neue Umgebung einstellen. Wenn Sie eine Katze aus dem Tierheim nehmen, ist das eine große Veränderung für das Tier. Vielleicht hatte sie schon mehrere Familien und hofft auf ein besseres Leben und auf neue liebevolle Menschen. Nehmen Sie die Katze am besten am Wochenende zu sich und hängen Sie noch ein paar Tage Urlaub dran. Dann können Sie sich uneingeschränkt um den Neuankömmling kümmern und die Eingewöhnung geht schneller vonstatten.

Die ersten Stunden

Die Trennung von der Katzenfamilie, das Verlassen der bisher gewohnten Umgebung und die Autofahrt: Das alles bedeutet Stress für Ihre Katze. Daher sollten Sie ihr bei der Ankunft im neuen Zuhause Ruhe gönnen. Verständlicherweise ist die ganze Familie auf den Neuankömmling gespannt, doch zügeln Sie anfänglich ihre Neugier. Katzen bekommen Angst, wenn zu viele Menschenhände nach ihnen greifen und sie hochheben wollen. In den ersten Stunden, manchmal auch Tagen, sollten Sie Wasser- und Futternapf sowie eine Katzentoilette in einem „Empfangszimmer" aufstellen.

Je nachdem, wie schnell sich das Tier einlebt, können Sie die Näpfe und die Katzentoilette bald an die dafür vorgesehenen Plätze stellen. Endlich zu Hause, öffnen Sie die Tür des Transportkorbs. Lassen Sie der Katze Zeit. Sie soll den ersten Schritt machen und entscheiden können, wann sie die Box verlässt. Katzen verabscheuen jede Art von Zwang. Wenn Sie sie gegen ihren Willen aus dem Korb heben, wird es erheblich länger dauern, bis sie Ihnen vertraut. Verlassen Sie nun das Zimmer und geben Sie Ihrer Katze Zeit, langsam ihre neue Katzenwelt zu erkunden. Kleine Kätzchen halten meistens noch ein Schläfchen, bevor sie sich neugierig auf Entdeckungstour wagen. Ältere Tiere benötigen oft etwas mehr Zeit und vergrößern ihren Aktionsradius nur nach und nach.

Der Kennenlern-Knigge

Kontaktaufnahme In Katzenkreisen bestimmen die Katzen, wann und zu welchem Artgenossen sie Kontakt aufnehmen. So ist es auch in der Mensch-Tier-Beziehung: Lassen Sie Ihre Katze entscheiden, wann sie zu Ihnen kommen möchte.
Niemals von oben herab Für Kätzchen und Katzen wirken Menschen riesig. Ein plötzlicher Griff von oben erschreckt das Tier. Gehen Sie daher in die Knie und begeben Sie sich auf Augenhöhe. Strecken Sie ihr die Hand hin und lassen Sie sie schnuppern. Weicht die Katze nicht zurück und signalisiert durch Mimik und Gestik ihr Einverständnis, dürfen Sie ihr sanft über Kopf und Rücken streicheln.

Aus einem Versteck lässt sich die neue Familie gut beobachten.

Kuscheltiger Wenn Ihrer Katze gerade nach Kuscheln zumute ist, können Sie Ihren Schmusetiger auf den Arm nehmen.
Freundliches Zwinkern Wenn Sie Ihrer Samtpfote in die Augen schauen, sollten Sie ein wenig blinzeln, denn das kommt einem Lächeln gleich. Wenn Sie Ihre Katze anstarren, wird das als Bedrohung aufgefasst.
Spielstunde Wollen Sie Ihre Katze aus der Reserve locken, sollten Sie ihr ein Spiel anbieten. Lassen Sie Bällchen über den Boden rollen oder befestigen Sie eine Spielmaus an einer Kordel und ziehen Sie diese hinter sich her. Ihr Jäger wird bestimmt sofort anbeißen.

TIPP

So heben Sie eine Katze richtig hoch
Schieben Sie eine Hand hinter die Vorderbeine der Katze, sodass Sie ihren Brustkorb halten. Die zweite Hand stützt den Po ab. Wird das Tier unruhig, setzen Sie es bitte wieder sanft auf den Boden.

Auf dem Arm ihres Menschen fühlt sie sich wohl und hat eine herrliche Aussicht.

Eine Katze ist
schon da

Sie haben sich entschlossen, Ihrer bereits im Haushalt lebenden Katze einen Artgenossen dazuzugesellen. Gratulation! Es geht nichts über Gesellschaft. Und das Katzenleben ist zu zweit abwechslungsreicher, vor allem, wenn Frauchen oder Herrchen den ganzen Tag außer Haus sind. Voraussetzung für eine Zweitkatze ist, dass beide Tiere dem sozialen Typ entsprechen und in ihrer Jugendzeit ausreichend Kontakt zu Artgenossen hatten.

TIPP

Einzelgänger oder geselliger Artgenosse?
Das Bedürfnis nach Geselligkeit ist von Katze zu Katze verschieden und von Erfahrungswerten abhängig. Werden Katzen nicht von klein auf an Artgenossen gewöhnt, entwickeln sie sich zu grieskrämigen Einzelgängern.

Bei Katzen ist Toleranz ausschlaggebend. Handelt es sich bei einem der Tiere um einen Einzelgänger, der die Anwesenheit einer anderen Katze nicht akzeptiert, kann es zu schweren Auseinandersetzungen kommen, die nur schwer bis gar nicht beizulegen sind.
Am einfachsten lassen sich gleichaltrige Kätzchen beziehungsweise Kätzchen mit minimalem Altersunterschied aneinander gewöhnen. Gemeinsame Aktivitäten, wie durch die Wohnung toben oder nebenei-

nander im Katzenkorb kuscheln, verbinden und machen die beiden schnell zum Team. Viele erwachsene Katzen akzeptieren ein Kätzchen problemloser, da sie sich nicht in der Rangordnung bedroht fühlen.

▶ **Taktiken für die erste Begegnung**
Nr. 1 bleibt Nr. 1 Die Katze, die zuerst im Haus war, hat die älteren Rechte. Missachten Sie das, und bevorzugen Sie den Neuankömmling, sind Eifersuchtsreaktionen vorprogrammiert.

Eine Katze ist schon da

Schön langsam! Lassen Sie die beiden Tiere zu Hause getrennte Wege gehen und versuchen Sie nicht, einen ersten Kontakt zu erzwingen. Rückzugsmöglichkeiten bieten Sicherheit und lassen einander aus der Entfernung betrachten.

Gemeinsamer Geruch verbindet
Reiben Sie die neue Katze mit der Lieblingsdecke Ihrer alteingesessenen Katze ab, wenn Sie sie abholen. Dadurch nimmt der Neuankömmling einen für Ihre Katze bereits vertrauten Geruch an.

Alles doppelt Jede Katze hat Anspruch auf ihre eigene Infrastruktur, also auf einen eigenen Futternapf und einen persönlichen Schlafplatz. Bei zwei Tieren sollten Sie auf jeden Fall auch zwei Katzentoiletten haben (siehe auch Katzenklo-Guide auf Seite 46/47).
Der Kratzbaum sollte über mehrere Liegeflächen verfügen und wird somit zur neutralen Zone. Mehrere Spielmäuschen verhindern Mäuse-Kidnapping durch den Artgenossen und darauf folgenden Streit.

Ein zärtliches Köpfchengeben besiegelt die Katzenfreundschaft.

Mit guten Freunden teilt man auch schon mal eine Mahlzeit.

Mieze & Co.

Die gemeinsame Haltung von Katzen und anderen Haustieren kann wunderbar funktionieren und für Mensch und Tier eine Bereicherung darstellen.

▸ Freunde oder Feinde fürs Leben?

Gerade Hund und Katze haben durch ihre Anpassungsfähigkeit Einzug in den privaten Lebensbereich des Menschen erhalten und sich zu unseren engsten vierbeinigen Gefährten entwickelt. Der Mensch wurde zum Bindeglied zwischen zwei Tierarten, die bei einem Leben in freier Natur kaum aneinander Anschluss finden würden. Während die Aktivitäten des Hundes größtenteils tagsüber stattfinden, ist die Katze dämmerungs- und nachtaktiv. Bei Hunden spielt das gemeinschaftliche Gruppenverhalten eine wesentliche Rolle, bei unseren Zimmertigern hingegen ist das Bedürfnis nach Geselligkeit von Tier zu Tier verschieden. Und so verwundert es nicht, dass man Katzen sowohl als Einzelgänger als auch in Katzengruppen vorfindet. Trotz der Unterschiede können Hund und Katze wunderbare Freunde werden.

▸ Die erste Begegnung

Die Entscheidung über ein harmonisches Zusammenleben fällt bereits bei der ersten Begegnung zwischen Hund und Katze. Während Hunde in der Regel neugierig auf Artgenossen, Menschen und andere Tiere zugehen, übt sich die Katze in höflicher Zurückhaltung und kann aufdringliche Annäherungsversuche überhaupt nicht leiden. Rückzugsmöglichkeiten, in Form eines Katzenbaumes, eines Schrankes oder eines Wandregals, auf das die Katze fliehen kann, kommen ihrem Sicherheitsbedürfnis nach. Von dort aus kann sie den Hund aus sicherer Entfernung beobachten.

Stress überträgt sich

Stress und Nervosität des Tierhalters übertragen sich auf die Tiere und verhindern jede Annäherung. Bleiben Sie also ruhig und gelassen! Das Tempo wird übrigens immer durch die Tiere bestimmt. Die ersten Begegnungen sollten sicherheitshalber immer unter Aufsicht stattfinden. Lassen Sie die Tiere erst nach einer Eingewöhnungszeit miteinander allein, wenn sie sich akzeptiert haben.

▸ So verläuft die Eingewöhnung leichter

Je mehr Erfahrungen Katzen- und Hundewelpen während ihrer Prägungsphase mit der jeweils anderen Tierart machen konnten, desto aufgeschlossener werden Katze und Hund einander begegnen. Die Annäherung von Jungtieren verläuft daher in der Regel einfacher, als jene von erwachsenen Tieren, die in ihrer Jugend nicht ausreichend Kontakt miteinander hatten oder schlechte Erfahrungen gemacht haben. Auch Temperament, Charakterzüge und Alter der Tiere haben einen bedeutenden Einfluss.

nur dann eingreifen, wenn für eines der beiden Tiere Verletzungsgefahr durch Bisse oder Kratzer besteht. Last, but not least, ist Geduld und Einfühlungsvermögen des Tierhalters gefragt, denn auch Tierfreundschaften benötigen Zeit, um wachsen zu können.

Mieze schaut so streng. Wenn sie sich putzt, möchte sie nicht gestört werden.

Ein älterer Hund kann mit einem jungen Kätzchen, das ihm sprichwörtlich auf der Nase herumtanzt, überfordert sein.
Verfügen Hund und Katze über ihren eigenen „Besitz", lassen sich Konkurrenzsituationen um Futterschüsseln, Schlafplätze und Spielzeug vermeiden. Rivalitäten können aber auch um die menschliche Zuneigung entstehen, daher sollte der Neuankömmling auf keinen Fall gegenüber dem alteingesessenen Tier bevorzugt werden. Bei Streitereien zwischen Hund und Katze sollte der Mensch

▸ **Verständigungsschwierigkeiten**
Rückenlage Eine Katze, die sich beim Kampf auf den Rücken legt, hat alle vier Pfoten und Krallen frei, um sich zu verteidigen. Ein auf dem Rücken liegender Hund signalisiert seinem Gegner mit dieser Pose, dass er sich unterwirft.
Erhobene Pfoten Während eine gehobene Vorderpfote bei der Katze anzeigt, dass es gleich einen Prankenhieb setzen wird, drückt der Hund mit dieser Geste aus, dass er ein freundlicher Kerl ist.
Schwanzwedeln Wedelt die Katze mit dem Schwanz, bedeutet das, dass sie angriffsbereit ist, beim Hund ist es oft ein freundliches Zeichen. (Das Schwanzwedeln allein reicht nicht aus, um den Gemütszustand zu ermitteln. Achten Sie auch auf die restliche Körperhaltung.)
Fremdsprachen lernen Anfänglich haben Hund und Katze aufgrund ihrer unterschiedlichen Körpersprache einige Kommunikationsprobleme. Ist die fremde Sprache allerdings erst einmal erlernt, steht einer lebenslangen Freundschaft meistens nichts mehr im Weg.

▸ **Katzen und Kleintiere**
So verschmust Katzen ihren Menschen gegenüber sein können: dennoch bleiben sie Raubtiere, die für die Jagd geschaffen sind.

Während dieser Hund freundlich seinen Bauch präsentiert, begibt sich die Kampfkatze in diese Position, um alle vier Pfoten samt Krallen einsetzen zu können.

Hamster, Ratten, Mäuse, Meerschweinchen oder Kaninchen passen in das Beuteschema der Katze. Für Nagetiere bedeutet der Anblick eines Raubtieres Stress, auch wenn die Gitterstäbe des Käfigs schützend zwischen ihnen und der Katze stehen. Von klein auf und mit viel Geduld ist es zwar möglich, manche Katzen an kleine Heimtiere zu gewöhnen, sodass sie sich frei in der Wohnung bewegen können.

Gelegenheit macht Diebe

Im Auge behalten sollten Sie Ihre Katze jedoch immer. Denn alles, was die passende Beutegröße hat und sich bewegt, kann schnell dem Jagdtrieb zum Opfer fallen. Gefährdet sind auch unsere gefiederten Freunde, die zum eigenen Schutz lieber im Vogelkäfig bleiben sollten. Haben die Vögel Freiflug, darf sich die Katze währenddessen nicht im gleichen Raum aufhalten.

Auch Freundschaften zwischen David und Goliath sind möglich.

Kleine Kätzchen und Senioren

Katzenbabys wiegen bei ihrer Geburt 100 g, ausgewachsene Katzen zwischen zwei und sieben Kilogramm. Die durchschnittliche Lebenserwartung liegt bei 15 Jahren, doch sie können auch 20 Jahre alt werden. Lesen Sie mehr von Kätzchen und Katzensenioren und ihren unterschiedlichen Bedürfnissen.

Die ersten Lebenstage

Nach einer Tragzeit von ungefähr 63 Tagen erblicken die Katzenbabys das Licht der Welt. Ein neugeborenes Kätzchen wiegt circa 70 bis 135 g und ist 11 bis 15 cm groß. Die Augenlider sind verschlossen und die Ohren nach hinten geklappt, sodass die Kätzchen noch nichts hören. Die Neugeborenen reagieren auf Wärme und Berührungen, denn sie nehmen ihre Umwelt in dieser Phase nur durch den Geruchs- und Tastsinn wahr. Die Jungen können ihre Körpertemperatur noch nicht regulieren und sind gänzlich auf die Fürsorge der Katzenmutter angewiesen.

Sie sind „Nesthocker" und rufen um Hilfe, wenn sie den Geruch des Nestes nicht mehr wahrnehmen können oder den Körperkontakt zur Mutter oder den Geschwistern verlieren. Wärme ist für das Wohlbefinden der Neugeborenen bedeutend. Bei Kälte verlangsamen sie ihre Bewegungen und bei schwerer Unterkühlung hören sie sogar auf zu saugen.

INFO

Wer war der Vater?
Wussten Sie, dass Katzenkinder aus einem Wurf mehrere Väter haben können? Das ist gar nicht so selten und passiert, wenn sich die Katze mit verschiedenen Katern eingelassen hat. Dann können die Eizellen vom Sperma verschiedener Väter befruchtet werden, und die Kätzchen sehen ganz verschieden aus.

Kleine Kätzchen und Senioren

Mama Katze übersiedelt vorsichtig ihren Nachwuchs.

▸ **Suchpendeln**
Neugeborene Katzenkinder sind auf den Körperkontakt der Mutter oder der Geschwister angewiesen. Werden sie voneinander getrennt, ruft das Kätzchen jammernd um Hilfe, und versucht, durch Hin- und Herpendeln des Kopfes den Kontakt zu seiner Katzenfamilie herzustellen.

▸ **Kolostrum**
Entscheidend für die gesunde Entwicklung der Kätzchen ist die Aufnahme der Muttermilch, die in den ersten Stunden nach der Geburt gebildet wird. Man bezeichnet diese Milch auch als Kolostrum. Es beinhaltet alle Antikörper, die die Katze im Lauf ihres Lebens gebildet hat. Durch die Aufnahme des Kolostrums gehen diese Abwehrstoffe auf die Kätzchen über. Die Muttermilch bietet so Schutz gegen die verschiedensten Erreger, die für die Katzenkinder gefährlich sein könnten.

▸ **Zitzenpräferenz**
Die einzige Aktivität der Kleinen besteht darin, die Zitzen der Mutter zu suchen. Jedes Katzenbaby erkämpft sich seine bevorzugte Zitze, die am Geruch wiedererkannt und heftig gegen die Geschwister verteidigt wird. Am beliebtesten sind die hinteren Zitzen, da diese die meiste Milch geben.

▸ **Tragstarre**
Ist Gefahr in Verzug oder muss der Nachwuchs an einen anderen Ort gebracht werden, dann packt die Katze ein Katzenkind nach dem anderen mit den Zähnen im Genick und trägt sie davon. Das Kätzchen fällt dabei in eine Tragstarre – es bewegt sich also gar nicht mehr – und zieht die Hinterbeine und den Schwanz eng an den Körper an. So wird dem Muttertier das Tragen erleichtert. Würde das Kätzchen zappeln, wäre ein schneller Transport unmöglich und brächte die ganze Familie in Gefahr.

> **WICHTIG**
>
> **Nicht am Genick hochheben**
> Wir dürfen es der Katzenmutter nicht gleichtun und das Kätzchen oder die erwachsene Katze am Genick packen und hochheben. Dadurch könnte es zu Verletzungen kommen.

Die ersten vier Wochen

Die Neugeborenenphase der ersten Tage geht in die Säugungsperiode über. Nach der ersten Woche wiegen die Kätzchen schon bis zu 250 g. Ein großer Teil des Tages wird von den Kleinen verschlafen oder mit Trinken zugebracht. Die Katzenkinder können allmählich Geräusche hören und im Alter von zwei Wochen bereits orten. Auch das wohltuende Schnurren der Mutterkatze wird wahrgenommen und signalisiert, dass die Welt der Kleinen in Ordnung ist. Die anfangs babyblauen Katzenaugen öffnen sich zwischen dem 7. und 15. Tag. Das Milchgebiss entwickelt sich, und die kleinen Krallen können schon ein- und ausgefahren werden. Langsam kommt Leben in das Katzennest: Die Kleinen üben Springen, Klettern und Laufen; und es funktioniert jeden Tag besser. In der vierten Lebenswoche beginnen die ersten sozialen Spiele und körperliche Fertigkeiten werden trainiert. Angriff, Verfolgung, Verteidigung, Jagd und Beutemachen werden mit den Geschwistern im Spiel geübt. Auch die Katzenmutter muss als Turn- und Übungsplatz herhalten. Treibt es der Nachwuchs zu wild, setzt es einen Pfotenhieb als erste Erziehungsmaßnahme. Neugier und Interesse an der Welt außerhalb des Katzennestes treiben die Kleinen zu Ausflügen, die argwöhnisch von Mama Katze überwacht werden.

Noch ist das Beaufsichtigen der Kleinen leicht, doch das wird sich bald ändern.

Die Übergangsphase

Die Ernährungsumstellung von Muttermilch auf feste Nahrung wird als Entwöhnung bezeichnet. Mit vier Wochen beginnt die Katzenmutter die Jungkatzen auch mit fester Nahrung zu füttern. Je fortgeschrittener das Stadium der Entwöhnung ist, umso mehr ergreifen die Jungen – zum Missfallen der Mutter – die Initiative zum Säugen. Die Entwöhnung ist mit circa sieben bis acht Wochen abgeschlossen.

TIPP

Laktoseunverträglichkeit
In der Phase der Entwöhnung verlieren die Kätzchen die Fähigkeit, Milchzucker (Laktose) zu verdauen. Trinken sie laktosehaltige Milch (Kuhmilch), können sie Durchfall bekommen.

Kleine Kätzchen und Senioren

Raufen, balgen, spielen – so sieht der Unterricht für Kätzchen aus.

Der Weg in die Selbstständigkeit

Mit fünf bis sechs Wochen sind die Jungen imstande, ihre Ausscheidungen unter Kontrolle zu halten. Die Mutter muss den Kätzchen nicht mehr den Bauch lecken, um die Verdauung anzuregen. Auch das Benutzen der Katzentoilette haben die Kleinen von Mama gelernt, indem sie das Verhalten abgeguckt haben. „Katzenwäsche" ist bereits eine Selbstverständlichkeit. Nach und nach werden die Kätzchen aktiv und zum Zeitpunkt der möglichen Koordination von Bewegungsabläufen wird mit allem gespielt, was ihnen in die Pfoten fällt.

▸ **Jagdunterricht**
Ab der fünften Woche bringt Mama Katze Beute in das Katzenlager. Das Beobachten der Mutter beim Beutefang ist für die Kleinen sehr spannend. Obwohl sie noch nichts mit der Maus anfangen können, ist das Interesse an der toten Beute groß. Nach und nach dürfen die jungen Katzen auch eigene Erfahrungen mit Beutetieren machen und sich selbst an lebender Beute versuchen, um zu lernen, wie man den Tötungsbiss am besten setzt. Damit der Fang nicht in letzter Minute verloren geht, ruft die Mutter die Kleinen mit der Beute im Maul, wobei die Katzenmutter spezielle Warnrufe für bestimmte Beutetiere auf Lager hat. So wissen die Kleinen sofort, ob Mama Katze eine harmloses Mäuschen oder eine wehrhafte Ratte für den Übungsunterricht mitbringt.
Die Konkurrenz unter den Katzengeschwistern führt dazu, dass alle mit Einsatz bei der Sache sind,

Der Weg in die Selbstständigkeit 65

damit nicht das Brüderchen oder Schwesterchen beim Beutemachen zum Zug kommt. In vielen Unterrichtsstunden lernen die jungen Jäger, ihre Jagdchancen bei unterschiedlichen Beutetieren einzuschätzen und die richtige Fangtechnik anzuwenden. Die Vorlieben für bestimmte Beutetiere bilden sich in der Jugendzeit. Ausgewachsene Katzen erlegen die Beutetiere am besten, die ihnen von klein auf vertraut sind und mit denen sie schon einige Erfahrungen sammeln konnten.

Sozialisation

Die Natur hat es so eingerichtet, dass Tierkinder in einem bestimmten Lebensabschnitt besonders empfänglich für Erfahrungen und Lernprozesse sind. Die Länge dieser Phase ist von der motorischen und sensorischen Entwicklung des Tieres abhängig und infolge veränderter Umwelteinflüsse können Abweichungen möglich sein. Katzenkinder lernen in ihren ersten Lebensmonaten,

was sie im späteren Leben benötigen. Bei Katzen dauert die sensible Phase im Durchschnitt von der zweiten bis zur zehnten Woche an. Nach dem Motto „Was Kätzchen nicht lernt, lernt Katze nimmermehr!" können Erfahrungs- und Lerndefizite, die während der Prägungsphase entstehen, im Erwachsenenalter nur mit einigem Aufwand nachgeholt werden. Nutzen Sie die Sozialisierungsphase, um das Kätzchen mit seiner Umwelt, Hunden und Kindern vertraut zu machen.

CHECK

Fit fürs Leben
Je mehr das Kätzchen über seine Umwelt erfährt, desto selbstbewusster wird es als erwachsene Katze durchs Leben gehen:

❑ **Kontakt zu Artgenossen** *Kätzchen, die isoliert aufwachsen, werden zu Einzelgängern, die nicht gelernt haben, andere Katzen zu tolerieren.*

❑ **Kontakt zu Menschen jeden Alters** *Katzen, die mit mehreren Bezugspersonen aufgewachsen sind, werden zu geselligen Kameraden. Auch das Zusammenleben mit Kindern wird einfacher.*

❑ **Kontakt mit Hunden** *Je früher Katze und Hund aneinander gewöhnt werden, desto leichter wird das spätere Zusammenleben.*

❑ **Reizvielfalt** *Die Katze lebt sich in ihrem neuen Zuhause schneller ein, je mehr Erfahrungen sie gemacht hat. Alltägliche Geräusche (Staubsauger, Fön, Mixer), aber auch optische Eindrücke (wehende Vorhänge) verursachen keine Angst, wenn sie ihr von klein auf vertraut sind.*

Kleine Kätzchen und Senioren

▶ **Halbstarke**
Im Alter von etwa zwölf Wochen nehmen die Augen der Kätzchen ihre endgültige Farbe an. Nun werden auch die Milchzähne nach und nach durch das bleibende Gebiss ersetzt. Von der 12. bis zur 14. Lebenswoche nehmen soziale Spiele ab und werden durch Kampfspiele mit ernsthaftem Charakter abgelöst. Dies ist auch die Zeit, wo die Kätzchen von Mutter und Geschwistern getrennt werden und in ihre zukünftige Familie kommen. Der Wechsel in das neue Leben ist für die Katze ein einschneidendes Erlebnis. Neugier und Lebensfreude erleichtern ihr jedoch die Eingewöhnung im neuen Heim. Der Mensch wird zur zweibeinigen „Superkatze", die nun für das körperliche und seelische Wohl des Kätzchens verantwortlich ist. (siehe auch S. 35 f.)

▶ **Pubertät**
Weibliche Tiere kommen in der Regel vor ihren männlichen Artgenossen in die Pubertät. Im Durchschnitt findet die Geschlechtsreife mit fünf bis neun Monaten statt. Einige Rassen gelten als besonders frühreif, wie zum Beispiel die Siamesen, die Burmesen oder die Abessinier. Langhaarkatzen, wie die Perser, lassen sich hingegen etwas mehr Zeit. Ist eine Katze fortpflanzungsbereit, so spricht man oft von „Hitze" oder „Rolligkeit". Der letztere Begriff entstand nicht ohne Grund: Rollige Katzen werfen sich auf den Boden und wälzen beziehungsweise rollen sich von einer Seite auf die andere.

Erziehung

Ist die kleine Katze bereits über zwölf Wochen alt, können Sie davon ausgehen, dass Mama Katze ganze Arbeit bei der Erziehung der Sprösslinge geleistet hat. Katzen lernen in erster Linie durch Beobachten und Nachahmen. Sind Zuschauer und Vorbild miteinander verwandt, ist der Lernerfolg garantiert. Nicht nur das Jagen sondern auch den Gebrauch der Katzentoilette erlernen die Kätzchen von ihrer Mama. Und so sind die meisten Katzenkinder schon in der fünften bis sechsten Lebenswoche stubenrein. Nachdem sich das Kätzchen

Einmal geht noch, bis sich Brüderchen wehrt.

unter Katzen zu benehmen weiß, muss es nun auch die Regeln im Umgang mit dem Menschen lernen. Den größten Erziehungserfolg können Sie erzielen, wenn Sie auf Zwang und Bestrafung verzichten. Katzen gelten zwar als eigenständig und weniger erziehbar als Hunde, doch als anpassungsfähige Tiere sind sie bereit, Abkommen zu respektieren. Auch Katzen in freier Natur teilen sich Reviere untereinander und haben die Nutzung durch Regeln festgelegt. Sie haben viele Möglichkeiten, mit Ihrer Samtpfote Kompromisse zu schließen.

▸ Auf den Namen hören

Die Katze benötigt einen besonderen Namen, der ihrer Einzigartigkeit gerecht wird. Ein Name, bei dem Mieze mit aufrechtem Schwanz auf uns zuläuft und uns mit einem erwartungsvollen Blick ansieht. Einen passenden Namen auszusuchen, ist gar nicht so einfach. Diesen Namen wird die Katze jeden Tag hören und sie soll ihn nur mit angenehmen Erlebnissen verbinden. Daher sollten sie auch niemals Ihre Katze namentlich rufen, um sie zu tadeln. Um die Katze an ihren Namen zu gewöhnen, sprechen Sie das Tier beim Streicheln, Schmusen, Spielen und Füttern immer wieder mit Namen an. Denn nur so wird Ihre Hausgenossin Ihrem Ruf Folge leisten, vorausgesetzt sie hat nichts anderes im Sinn.

Katzennamen bestehen in der Regel aus ein- oder zweisilbigen Wörtern mit den Vokalen „a" oder „i", aber auch „o" oder „u". Scharfe Laute mit „ss" erinnern die Tiere zu sehr an das Zischen des Fauchens und bewirken Distanz. Auch hier gilt: der Ton macht die Musik. Wenn Sie Ihre Katze rufen, dann sollten Sie das immer mit freundlicher und sanfter Stimme tun.

INFO

Die schönsten und außergewöhnlichsten Katzennamen aus aller Welt

Ananas, Atchoum
Baghera, Benji, Bristol
Caramel, Chester, Coco
Diabolo, Diva, Domino
Erol, Filou, Ginger
Kiki, Koto, Leeloo, Lotus
Mikado, Minnie
Olga, Pepito, Platon, Quaxo
Romeo, Sherpa, Youston

Gegen Betteln und Naschen am Tisch hilft nur ein konsequentes Nein.

Denken wie eine Katze

Um bei der Erziehung Ihrer Katze zu punkten, müssen Sie ihre Verhaltensweisen verstehen. Wissen Sie, was es bedeutet, wenn sie den Schwanz aufstellt oder Ihnen den Rücken zudreht? Nein? Dann heißt es, in erster Linie „Katzensprache" zu pauken. In Folge müssen Sie sich bemühen, wie eine Katze zu denken. Sehen wir uns folgende Situation an: Ihre Katze springt immer wieder auf den Esstisch und wird von Ihnen mehrmals vom Tisch gescheucht. Der Mensch setzt voraus, dass die Katze lernt, Tische seien tabu, egal ob es sich um den Tisch im Esszimmer oder in der Küche handelt. Die Katze lernt aber, dass ihr Mensch es nicht möchte, wenn sie auf dem Esstisch spazieren geht, aber vom Küchentisch war nicht die Rede. Sie lernt aber auch, dass der Esstisch zum Sperrgebiet wird, wenn der Mensch in der Nähe ist, doch in der Nacht, wenn alles schläft, sieht das schon wieder ganz anders aus. Katzen sind keine Verfechter der abstrakten Denkweise und haben daher das Problem, dass sie in einer bestimmten Situation gemachte Erfahrungen nicht auf eine andere ähnliche Situation übertragen.

Erziehungsregeln

Unerwünschten Verhaltensweisen steht man als Katzenhalter nicht hilflos gegenüber. Es ist durchaus möglich, das Verhalten des Stubentigers zu beeinflussen und ihm verständlich zu machen, welche Regeln gelten sollen.

Erziehung **69**

▶ **Unmittelbar reagieren**
Reagieren Sie immer sofort auf eine Verhaltensweise der Katze, denn nur so kann das Tier seine Handlung mit der Tat in Verbindung bringen. Möchten Sie die Katze also für richtiges Verhalten belohnen oder für ein Vergehen rügen, müssen Sie das innerhalb von ein bis zwei Sekunden tun. Sie müssen also ganz schön auf Zack sein. Warten Sie mit der Belohnung oder mit dem Tadel einige Sekunden länger, kann die Katze Lob oder Ermahnung nicht mehr mit ihrer Tat verknüpfen. Tiere verbinden positive oder negative Erfahrungen mit ihrem unmittelbarem Tun. Schimpfen Sie die Katze, weil sie vor einer halben Stunde den Blumentopf umgegraben hat, während sie in diesem Moment gerade friedlich in der Kuschelhöhle ein Nickerchen hält, wird die Mieze Ihren Unmut auf das Im-Körbchen-Liegen beziehen, und ist entsprechend verunsichert. Verkneifen Sie sich im beschriebenen Fall das Schimpfen und warten Sie ab, bis Sie Ihre Katze das nächste Mal inflagranti ertappen. Oder decken Sie den Blumentopf durch ein spezielles Pflanzengitter ab, um der Katze keine weiteren Buddelversuche zu ermöglichen.

▶ **Erwünschtes Verhalten bestärken**
Lob und Belohnung sind die besten Erziehungsmethoden. Bieten Sie Ihrer Katze einen Anreiz: Für Frauchens oder Herrchens Lob, ein aufregendes Spiel oder einen Leckerbissen lohnt es sich auch für Katzen, brav zu sein.

▶ **Individualisten**
Bei allen Erziehungseifer: Vergessen Sie bitte nicht, dass Katzen nach wie vor Individualisten sind, denen die Bereitschaft zur Unterordnung nicht immer im Sinn steht.
Manche Katzen machen begeistert mit und bemühen sich, ihrem Menschen zu gefallen, andere tun und lassen weiterhin, was ihnen gerade passt.

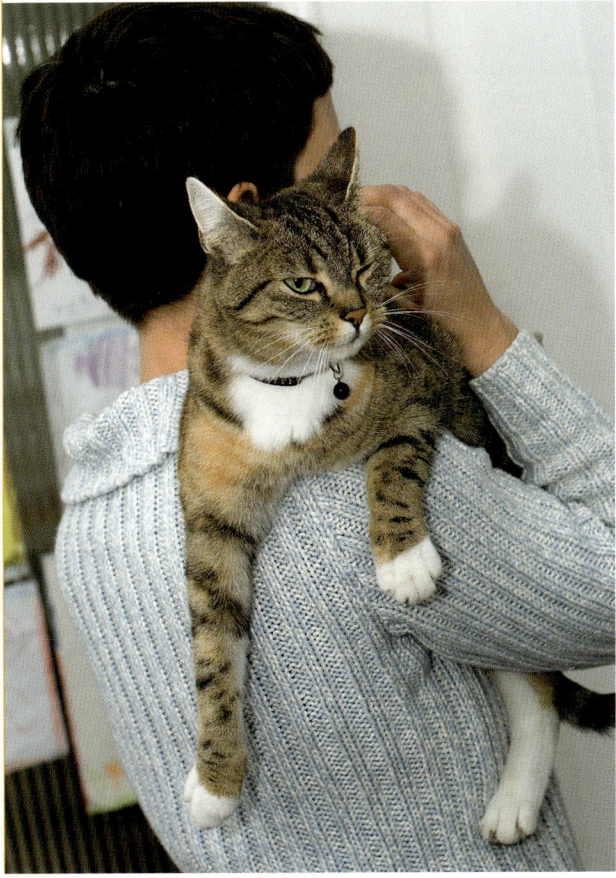

Katzen sind einfühlsam und reagieren auf jede Stimmungslage ihrer Bezugsperson.

Kleine Kätzchen und Senioren

CHECK

Das 1 x 1 der Katzenerziehung

- ❑ **Bringen Sie Respekt für Verhaltensweisen der Katze auf.** Klettern, Erkunden, Beobachten, Verstecken, Jagen und Spielen sind Grundbedürfnisse, die ihr nicht verwehrt werden dürfen.

- ❑ **Vermeiden Sie Missverständnisse.** Lernen Sie die Katzensprache richtig zu deuten.

- ❑ **Katzen sind Gewohnheitstiere.** Rituale, wie die täglichen Spiel- und Schmuseeinheiten, geben Sicherheit.

- ❑ **Legen Sie klare Regeln fest.** Nur so kann sich die Katze richtig verhalten und Grenzen respektieren.

- ❑ **Verstärken Sie erwünschtes Verhalten** immer durch eine Belohnung.

- ❑ **Unerwünschtes Verhalten** wird ignoriert und durch eine angebotene Alternative umgelenkt.

- ❑ **Keine Strafmaßnahmen.** Ihre Katze verliert das Vertrauen zu Ihnen und das Problemverhalten verstärkt sich.

▶ **Verhalten bestrafen**
Strafe ist nie die ideale Lösung. Zum einen, weil sichergestellt werden muss, dass die Strafmaßnahme zeitlich exakt ausgeführt wird, damit die Katze diese mit ihrem Tun verbinden kann. Außerdem muss das unerwünschte Verhalten immer bestraft werden. Zum anderen, weil wiederholtes Strafen die Mensch-Tier-Beziehung beeinträchtigt und die Katze oft mit Misstrauen und Rückzug reagiert.
Unter Bestrafen ist niemals das Schlagen des Tieres zu verstehen! Ein lautes „Nein" oder ein Geräusch, zum Beispiel durch In-die-Hände-klatschen oder mit dem Schlüsselbund klappern ist ausreichend, um die Katze bei ihrer Missetat zu erschrecken. Es gibt auch die so genannte „anonyme Bestrafung" durch eine Wasserspritzflasche. Anonym deswegen, weil die Katze die Strafe nicht mit Ihnen, sondern mit dem verbotenen Platz oder der Missetat in Verbindung bringen

wird. Kratzt Ihre Katze immer wieder an den Vorhängen, wird sie von einem – bitte sanften – Wasserstrahl getroffen. Nun kombiniert sie, dass es für Vorhangkratzen eine Dusche gibt.

Verhalten ignorieren
Verfügen Sie über ein hohes Maß an Toleranz und Durchhaltevermögen, ist diese Methode für Sie die Richtige. Wird unerwünschtes Verhalten von Ihnen konsequent ignoriert, findet also keine Reaktion Ihrerseits statt, wird die Katze diese Verhaltensweise nach einiger Zeit unterlassen, weil sie „wertlos" geworden ist.

Alternativen anbieten
Kratzt Ihre Katze zum Beispiel immer wieder am Sofa, kann dies auch daran liegen, dass sie keinen geeigneten Kratzbaum hat.

Stellen Sie ihr einen zur Verfügung und versuchen Sie das Verhalten umzulenken. Loben Sie sie bei gewünschtem Erfolg, also wenn sie sich anstelle des Sofas am Kratzbaum die Krallen wetzt.

Klare Regeln
Ihr Erziehungsstil muss eine klare Linie aufweisen. Was heute verboten ist, darf morgen nicht erlaubt sein. Nur so kann sich die Katze orientieren. Auch für Katzen gilt, was in der Hundeerziehung schon lange bekannt ist: Nur einheitliche Signale führen zum Ziel. Wenn Sie „Nein" meinen, dann müssen Sie auch „Nein" sagen. Begriffe, die sich ständig ändern, wie „Pfui", „Aus" oder „Böse Katze" etc. verwirren das Tier und verfehlen die gewünschte Wirkung, denn Katzen verstehen nun mal nicht jedes Wort.

Katzen lieben ein geordnetes Umfeld und einen festen Tagesablauf.

Katzensenioren

Katzen altern in eindrucksvoller Würde. Für den ungeübten Betrachter ist oft kein Unterschied zwischen einer Katze von fünf, sieben oder neun Jahren ersichtlich. Eine Katze, die nach wie vor mühelos auf den Tisch springt oder einem Mäuschen nachjagt, wird locker für ein paar Jahre jünger gehalten. Unsere Katzen werden heutzutage wesentlich älter als noch vor einigen Jahren. Richtige Ernährung und regelmäßige Untersuchungen durch den Tierarzt tragen dazu bei, dass sich die Lebenserwartung für Katzen verbessert haben. Die meisten Tiere sind über Jahre fit und aktiv und zeigen erst spät deutliche Alterserscheinungen. Denn auch im Tierreich ist Alter nicht gleich Alter und viele Katzen toben noch im Seniorenalter, das mit dem 7. bzw. 12. Lebensjahr festgesetzt wird, durch die Wohnung. Andere gleichaltrige Artgenossen genießen indessen lieber in Muße ein Sonnenbad auf der Fensterbank und sind nur noch selten bereit, sich sportlich zu betätigen.

▶ **Von Katzen- und Menschenjahren**
In den ersten Monaten ihres Lebens entwickelt sich die Katze rasch, dann kommen viele Jahre mit gleichbleibender Aktivität und schließlich das Seniorenalter, in dem Katzen verhältnismäßig schnell altern. in der linken Spalte ist eine Aufstellung, die versucht, einen Vergleich zwischen dem Alter der Katze und des Menschen darzustellen.

▶ **Oldies, but Goldies**
Katzensenioren teilen ihr Leben viel mehr mit uns Menschen, als junge Katzen, die noch ganz andere Dinge im Kopf haben. Ältere Katzen sind sehr anhänglich, verschmust und haben einen gefestigten Charakter.

▶ **Reifere Partner**
Wenn Sie eher der ruhigere Typ sind oder vielleicht selbst zu den Senioren zählen, dann könnte eine Katze im besten Alter der ideale Partner für Sie sein. Katzensenioren sind in der Regel gut erzogen und unternehmen meist auch keine wilden Klettertouren in der Wohnung. Zudem wird Ihnen eine ältere Katze, deren Frauchen oder Herrchen vielleicht verstorben ist, für einen sicheren Lebensabend mit viel Zuneigung dankbar sein.

INFO

Katzenalter verglichen mit Menschenjahren

Alter der Katze in Jahren	Entsprechendes Alter beim Menschen in Jahren
1	15
2	24
4	32
6	40
7	44 (erste Altersanzeichen)
8	48
10	56
12	64 (2. Seniorenphase)
14	72
16	80
18	88
20	96

Katzensenioren lieben warme, kuschelige Schlafplätze.

Kommt ein älteres Tier zu einer bereits im Haushalt lebenden Katze als Gefährte dazu, dann ist es wichtig, dass beide Tiere dem sozialen Typ entsprechen. Nur so lassen sich Auseinandersetzungen vermeiden. Wenn Sie vorhaben, ein Kätzchen und einen Oldie zusammenzuführen, sollten Sie bedenken, dass ein junges Tier einem bedächtigen Senior ganz schön auf die Nerven gehen kann.

Altersanzeichen

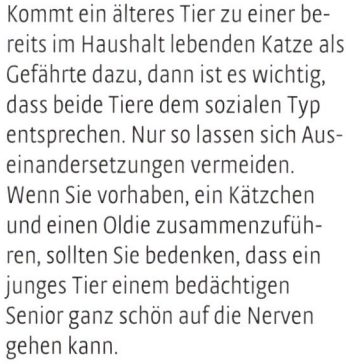

Irgendwann werden Sie vielleicht feststellen, dass Ihre Katze schlechter hört und sieht, als in jungen Jahren. Mit zunehmendem Alter bemerkt man auch, dass die Senioren nicht mehr so gelenkig sind, wie ihre jüngeren Artgenossen. Das Aufstehen macht ihnen oft Mühe, da sich erste Verschleißerscheinungen wie Arthrosen bemerkbar machen. Aufgrund der eingeschränkten Gelenkigkeit fällt vielen reifen Katzen die Reinigung der hinteren Körperpartien zunehmend schwerer.

Der Bewegungsmangel führt dazu, dass sie sich seltener die Krallen schärfen. Zu lange Krallen stellen ein Verletzungsrisiko dar, da die Tiere eventuell in Teppichen oder Gardinen hängen bleiben könnten. Bei der Fell- und Krallenpflege sind die Seniorenkatzen auf die Unterstützung ihres Menschen angwiesen. Ältere Katzen haben ein erhöhtes Ruhe- und Schlafbedürfnis und brauchen kuschelige, warme Erholungsplätze in der Wohnung, um sich ungestört zurückziehen zu können. Futter- und Wassernapf, Katzentoiletten und Schlafhöhle sollten an den gewohnten Plätzen stehen, damit sich die Katze auch dann zurechtfinden kann, wenn Seh- und Hörvermögen im zunehmenden Alter eingeschränkt sind. Da Beweglichkeit und Kondition nachlassen, können viele Katzen ihre erhöhten Aussichtspunkte nicht mehr erreichen und benötigen Aufstiegshilfen in Form von Sitzkissen oder Sesseln, damit sie ihr Revier wieder von oben überblicken können.

Kleine Kätzchen und Senioren

CHECK

Altersanzeichen
Durch folgende Anzeichen zeigt Ihnen Ihre Katze, dass sie nun als „Senior" respektiert werden möchte.

❏ *Katzen werden ruhiger und gelassener, aber auch anhänglicher.*

❏ *Das Schlaf- und Ruhebedürfnis nimmt zu.*

❏ *Der Rückzug in eine sichere Umgebung wird der Aktivität vorgezogen.*

❏ *Rituale und Gewohnheiten haben einen größeren Stellenwert. Die Anpassungsfähigkeit verringert sich und Veränderungen werden schlecht akzeptiert.*

❏ *Veränderte Ernährungsbedürfnisse: Eine spezielle Seniorennahrung oder auch eine tierärztliche Diät bei Erkrankungen ist zu empfehlen.*

❏ *Geminderte Beweglichkeit.*

❏ *Die Fellqualität verändert sich: Das Fell wird dünner und wirkt manchmal struppig, die Haut wird schuppiger.*

❏ *Erhöhte Empfindlichkeit des Verdauungssystems und verringerte Nierenfunktion.*

❏ *Schwächer werdende Immunabwehr.*

❏ *Die Sinnesleistungen lassen nach.*

❏ *Einige Tiere haben weniger Körpergewicht und wirken zerbrechlich, andere neigen zu Übergewicht.*

Das Verhalten ändert sich

Zu den altersbedingten körperlichen Beschwerden kommt es auch zu Verhaltensänderungen. Die Tiere erscheinen uns eigensinniger und missmutiger, vor allem, wenn sie in ihren Ruhephasen gestört werden. Hektik und Lärm sind ihnen ein Gräuel und die Anwesenheit junger Artgenossen wird häufig nicht mehr toleriert. Die Anpassungsfähigkeit der Katze lässt im Alter nach und Veränderungen im gewohnten Tagesablauf können zum Problem werden. Tagesfixpunkte zeigen Ihrer Katze, dass ihre „Katzenwelt" in Ordnung ist und Rituale, wie die pünktliche Fütterung und die tägliche Kuschel- und Spielzeit geben Ihrem Tier Sicherheit und vermindern Stress.

Fitness für Senioren

Katzen spielen bis ins hohe Alter. Meistens ist es nicht die Katze, die nicht mehr spielen möchte, sondern der Mensch, der denkt, sie sei zu alt dafür. Dabei kommt es auf die Spiele an: Wilde Verfolgungsjagden durch die Wohnung sind bei Senioren nicht mehr gefragt, sondern Spiele, die auf die Bedürfnisse von Oldies abgestimmt sind.

Tipps für Seniorenspiele

Abnehmende Spielleidenschaft
Die Spielleidenschaft nimmt mit zunehmendem Alter und damit fehlender Kondition des Tieres ab. Sie müssen der Katze daher einen starken Anreiz für ein Spiel bieten. Viele Tiere reagieren auch im Alter auf ihr Lieblingsspielzeug und lassen sich

durch Spielangeln mit Mäuschen oder Federn aktivieren.
Spieldauer Die Spieldauer ist kürzer, aber dafür umso intensiver.
Aufforderung Fordern Sie Ihre Katze zum Spiel auf und beenden Sie es, wenn sie die Lust verliert.
Rücksicht Nehmen Sie Rücksicht auf ihre körperliche Verfassung.
Duftspiele Auch alte Katzen sind neugierig und die Nase ist empfänglich für neue Reize. Bringen Sie ab und zu einen Stein oder einen für Katzen unbedenklichen Blumenstrauß mit nach Hause.

Der letzte Weg

Lebensabschnitt Sehen Sie das Alter nicht als Krankheit, sondern als Lebensabschnitt, der Sie und Ihre Katze mit neuen Bedürfnissen erwartet.

Gesundheitskontrollen Regelmäßige tierärztliche Check-ups beim Katzen-Oldie sind ein Muss und helfen gesundheitliche Probleme rechtzeitig zu erkennen.
Portion Liebe Liebe ist der beste Jungbrunnen. Gerade ältere Katzen sind besonders anhänglich und benötigen die Aufmerksamkeit und Zuneigung ihres Menschen!
Der letzte Weg Begleiten Sie Ihre Gefährtin bis zur letzten Stunde, auch wenn es eine der schwersten Stunden Ihres Lebens sein wird.
Trauern Sie Lassen Sie die Trauer zu und nehmen Sie sich die Zeit, die Sie benötigen, um den Verlust des geliebten Tieres zu verarbeiten. Die Zeit nimmt zwar nicht den Schmerz, aber sie lindert ihn. Und wer weiß, vielleicht sind Sie bereit, einer neuen Katze Ihr Herz zu schenken und sich von ihr erobern zu lassen.

Wenn Kinder gelernt haben, auf ältere Katzen und ihre Bedürfnisse Rücksicht zu nehmen, dann funktioniert das Zusammenleben harmonisch.

Perfekter Katzen*alltag*

Katzen haben Bedürfnisse, die tief in ihrem Verhalten verankert sind. Nur wenn wir ihre Verhaltensweisen respektieren und ihnen ein geeignetes Lebensumfeld bieten, fühlen sich Katzen in unserer Menschenwelt wohl.

Was Katzen so treiben …

Jede Katze muss sich ihrer Natur gemäß ausleben können. Verhaltensweisen wie Verstecken und Beobachten, Erkunden, Jagen oder Spielen und Markieren spielen eine bedeutende Rolle für das Wohlbefinden der Katze. Ein Tag im Leben einer Katze ist geprägt von Ruheperioden und Zeiten mit ausgeprägter Aktivität. Während eine Katze, die in der Wohnung lebt – nennen wir sie Indoor-Katze – einen Großteil des Tages mit Schlafen, Körperpflege und Fressen verbringt, zeigen Katzen mit Freilauf, also Outdoor-Katzen, eine hohe Aktivität. Freilaufkatzen streifen umher, klettern auf Bäume und erkunden ihr Territorium. Sie sind Gefahren ausgesetzt, die der Wohnungskatze fremd sind: Kämpfe mit Artgenossen und daraus resultierende Verletzungen, Übertragung von Infektionskrankheiten, Parasitenbefall, Kontakt mit giftigen Substanzen, Verkehrsunfälle. Ihre Lebensweise und ihre Ernährungsbedürfnisse unterscheiden sich stark von denen einer in der Wohnung lebenden Katze.

Indoor-Katzen müssen ihre Energie im Spiel abbauen.

INFO

Vergleich der Lebensweise und der Ernährungsbedürfnisse von Indoor- und Outdoor-Katzen

Indoor-Katze
Durchschnittliches Territorium
je nach Größe der Wohnung von 35 m² bis zu 120 m²

Outdoor-Katze
Durchschnittliches Territorium
8000 m² bis 50 ha

Tägliche Aktivitäten
Fellpflege   4–5 Std./20%
Fressen   weniger als 1 Std./3%
Spielen   weniger als 1 Std./2%
Schlafen   18 Std./75%

Umgebung
Durch das Leben in der Wohnung ergeben sich ziemlich gleichbleibende klimatische Bedingungen (nur teilweise Sonnenlicht, ansonsten künstliches Licht).

Fellwechsel
Durch konstante Licht- und Temperaturverhältnisse kommt es zu einem regelmäßigen Abhaaren.

Ernährung
Durch ein Leben in einer geschützten Umgebung werden weniger Kalorien verbraucht, um die Körpertemperatur aufrecht zu erhalten. Wohnungskatzen mit eingeschränkter Aktivität benötigen daher eine Nahrung mit mäßigen Energiegehalt.

Tägliche Aktivitäten
Fellpflege   2–3 Std./12%
Fressen   weniger als 1 Std./3%
Jagen   6–8 Std./25%
Schlafen   12–14 Std./60%

Umgebung
Abhängig von den klimatischen Bedingungen je nach Jahreszeiten.

Fellwechsel
Es findet ein periodischer Haarwechsel je nach Dauer des Tageslichts statt. Zu Sommerbeginn ist der Haarausfall am stärksten, zu Winterbeginn am geringsten.

Ernährung
Aufgrund erhöhter Aktivität im Freien ist eine Nahrung mit hohem Energiegehalt erforderlich.

Was Katzen so treiben 79

Abenteuer Jagd

Nicht nur Freilaufkatzen lieben die Jagd, auch unsere Wohnungskatzen verwandeln sich vom verschmusten Stubentiger sekundenschnell in ein Raubtier, wenn sie die erste Pfote in die Freiheit setzen. Ein perfekter Körperbau und Sinne, die zu außergewöhnlichen Leistungen imstande sind, machen unsere Katzen zu geborenen Jägern. Aufmerksam beobachten sie ihr Beutetier aus einem Versteck, fast geräuschlos schleichen sie sich an, um in einem kurzen Sprint die Maus zu erjagen. Katzen sind Schleichjäger, die sich der infrage kommenden Beute möglichst in Deckung nähern, um sie dann auf kurze Entfernung zu attackieren. Akustische Signale, wie kratzende, raschelnde oder quietschende Töne animieren meistens zur Beutesuche. Das Beutefangverhalten selbst wird durch schnell bewegte Objekte ausgelöst. Bis zu sechs Stunden täglich verbringen Katzen mit der Jagd, wobei nur jeder 15. Jagdversuch erfolgreich ist.

Wohnungs-Jagd

Im Unterschied zu Outdoor-Katzen, denen die Möglichkeit zur Jagd gegeben ist, müssen Wohnungskatzen ihren Jagdtrieb in der Wohnung ausleben. Aber wie? Durch das Spiel, sei es allein, mit dem Artgenossen oder mit dem Menschen. Am beliebtesten bei Katzen ist jedoch das Spiel mit Frauchen oder Herrchen! Es gibt nichts Schöneres, wenn der Mensch sich die Zeit nimmt, das Mäuschen an der Spielangel zu werfen oder hinter sich herzuziehen. So kann Mieze ihre Jagdfähigkeiten wie Anpirschen, Lauern und Zuschlagen richtig ausleben. Für Indoor-Katzen ist das Spieltraining als Jagdersatz die beste Möglichkeit, körperliche und geistige Fitness zu erhalten und überschüssige Energie abzubauen. Ein weiterer positiver Effekt ist, dass durch das Spiel die Bindung zum Menschen gefestigt wird. (Siehe auch Katzen in Aktion Seite 93).

Noch ist Mieze unschlüssig, ob sie die Maus gleich fressen oder ihrem Menschen als Geschenk nach Hause bringen soll.

INFO

Jagdpassion
Jagen ist eine Verhaltensweise, die unabhängig vom Hungergefühl gezeigt wird. Es gibt keine Beweise, dass eine hungrige Katze mehr Mäuse fängt als ein sattes Tier.

Katzen mit Freilauf streifen umher, klettern auf Bäume und erkunden ihr Revier.

Verstecken und Beobachten

Nicht nur Freilaufkatzen müssen sich verstecken, um ihr mögliches Beutetier beobachten zu können. Auch für Wohnungskatzen sind dies bedeutende Verhaltensweisen: Sich zurückziehen, wenn man keinen Kontakt zu seinem Katzengefährten oder seinem Menschen möchte, beobachten, was die Mitbewohner so treiben, und das Revier von einem Hochsitz überblicken.

Als Rückzugsplätze werden vor allem kuschelige Katzenkörbe geschätzt, aber auch eine einfache Schachtel erfüllt ihren Zweck als Höhle. Der Kratzbaum selbst wird zum Aussichtsturm und bietet den besten Überblick über das Revier und die Machenschaften seiner Bewohner. Den Überblick über die Außenwelt gibt es, wenn der Kletterbaum an einem Fenster steht, und so das Revier für die Katze visuell erweitert wird.

Erkunden

Der erste Weg einer Freilaufkatze führt über ihren Trampelpfad durch das ganze Revier. Denn im Territorium muss nach dem Rechten gesehen werden. Auch unsere Katzen, mit mehr oder weniger Möglichkeit zum Freilauf, haben Reviere, die auch Homeranges genannt werden. Sie bestehen aus einem Kernbereich und einem Streifgebiet. Beide Bereiche sind abhängig von Populationsdichte der Katzen und/oder der Beschaffenheit des Wohngebietes. Auch unsere Stubentiger, von Geburt an neugierig, entdecken bei ihren regelmäßigen Patrouillen durch die Wohnung immer wieder etwas Neues. Geben Sie ihr Gelegenheit und überraschen Sie sie ab und zu mit spannenden Dingen. Da unsere Stubentiger mögliche Gefahrenquellen nicht abschätzen können, muss der Katzenhalter diesbezüglich Vorsorge treffen. (Siehe Seite 48 ff.)

Was Katzen so treiben 81

Versteckt zwischen Ästen kann die Umgebung überwacht werden. Dem aufmerksamen Blick eines Raubtieres entgeht nichts.

Übermitteln von Botschaften

Da die Reviere der Katzen meistens keine festen Grenzen haben und sich oft überlappen, gibt es ein ausgeklügeltes System der Verkehrsregelung. Wenn man der Nachbarskatze nicht gerade begegnet und ihr dadurch signalisiert „Ich gehe gerade mein Revier ab", kann man ihr auch eine Duftnachricht mit diversen Botschaften übermitteln. An besonders charakteristischen Stellen im Revier, wie Büschen, Steinen oder Wegkreuzungen, hinterlassen Katzen Urinspritzer als duftende Visitenkarte. Diese gibt Auskunft über die Identität des Revierinhabers, die Anwesenheit in einem bestimmten Bereich, den Zeitpunkt des letzten Aufenthaltes und eventuell auch über die Paarungsbereitschaft.

Je nach Alter der Urinmarkierung könnten die Katzenmails Folgendes mitteilen: „Ich bin hier – Keine Pfote weiter!" oder „Ich war vor einer Stunde hier – Durchgang erlaubt!" Ebenso haben Kothaufen Nachrichtenfunktion, vor allem, wenn sie auf besonders markanten Stellen im Territorium hinterlassen und nicht verscharrt werden.

Aber auch beim Krallenwetzen werden sicht- und riechbare Nachrichten für Artgenossen hinterlassen. Über die Pfoten werden Duftstoffe auf das Kratzobjekt übertragen und je weiter oben man die verschlüsselte Botschaft mit den Krallen eingravieren kann, desto besser. Sowohl im Freien als auch in der Wohnung haben Katzen absolute Lieblingskratzplätze. Durch das Anbieten eines geeigneten Kratzbaumes oder diverser Kratzbretter ist es in der Regel möglich, Designermöbel und Sofa vor Kratzspuren zu schützen. (siehe auch Kapitel Beziehungskrise Seite 119 und Kommunikation und Sinne Seite 28).

Schlafen und Dösen

▶ **Weltmeister im Langschlafen**
Katzen sind Langschläfer und finden schnell ein Plätzchen, das sich für ein kurzes Nickerchen anbietet. Ob in Bauch-, Rücken- oder Seitenlage gedöst wird, ist abhängig vom Schlafplatz. Kuschelig, vor Zugluft geschützt und bequem zum Ausstrecken wäre fein.

Bedeutend ist jedoch der Standort: im Mittelpunkt des Reviers, nicht unmittelbar im Geschehen, aber doch so gewählt, um einen Überblick zu haben, wenn Mieze schlaftrunken blinzelt. Eine Wohnungskatze verbringt bis zu achtzehn Stunden täglich mit Schlafen und Dösen. Im Gegensatz zu ihren frei lebenden Artgenossen, die nur 14 Stunden dafür aufwenden. Wie wir Menschen benötigen auch Tiere den Schlaf, um wertvolle Energiereserven aufzuladen und wieder fit zu werden. Schlaf ist nicht gleich Schlaf. In eine Tiefschlafphase fällt die Katze nur dann, wenn sie sich sicher fühlt und ihre Umgebung nicht im Auge behalten muss. Eine dösende Katze ist bei außergewöhnlichen Geräuschen oder bei einer vorbeilaufenden Maus sofort hellwach. Am schnellsten können Kätzchen einschlafen, nämlich mitten im Spiel und für die übrigen Spielteilnehmer unvermutet.

Nach dem Aufwachen ist Strecken und Gähnen angesagt, danach kommt Krallenwetzen.

Auch unsere Vierbeiner mögen es nicht, wenn sie aus dem Schlaf gerissen werden. Wird Miezes Nickerchen nicht respektiert, wird sie bald zu einer nervösen, ungemütlichen und grantigen Hausgenossin.

▶ Katzenträume

Verhaltensforscher sind sich einig, dass auch Katzen träumen. Im Traum werden Erlebnisse und gemachte Erfahrungen verarbeitet und so kann Mieze sich auf das Bewältigen neuer Abenteuer einstellen. Bebende Schnurrhaare und zuckende Pfoten lassen vermuten, dass so mancher Stubentiger im Schlaf auf Mäusefang geht. Während eines Schlafvorganges wechseln sich Tiefschlafphasen mit traumaktiven REM-Phasen (Rapid Eye Movement) ab. Während des Tiefschlafes läuft das Immunsystem auf Hochtouren und das Gehirn schüttet Wachstumshormone aus, während der REM-Phase ist die Zeit des Träumens mit seinen Erinnerungs-, Aufarbeitungs- und Lernprozessen.

Fressen

Von Natur aus bevorzugen Katzen eher kleine Snacks als große Mahlzeiten. Hat Mieze Nahrung zur freien Verfügung, teilt sie sich diese in zehn bis zu zwanzig Portionen ein. Jede Mahlzeit dauert nur zwei bis drei Minuten. Katzen sind Genießer und möchten bei der Nahrungsaufnahme ungestört sein. Der Geruch der angebotenen Nahrung spielt eine große Rolle und entscheidet, ob das Futter akzeptiert wird oder nicht.

Mäuse und andere kleine Nagetiere zählen zu den natürlichen Beutetieren der Katze. Müsste sich die Katze von Mäuschen ernähren, würde sie täglich durchschnittlich zwischen acht und zehn Mäuse benötigen, um einigermaßen satt zu werden. Das bedeutet für die Katze sechs bis acht Stunden Beutefang, wenn man davon ausgeht, dass nur jeder 15. Jagdversuch von Erfolg gekrönt ist. Als reiner Fleischfresser unterscheidet sich die Katze vom Hund durch ihren höheren Eiweißbedarf. Der kleine Katzenmagen und der relativ kurze Darm erfordern eine leicht verdauliche, energie- und nährstoffreiche Ernährung. Proteine, Kohlenhydrate, Fette, Nähr- und Mineralstoffe, Vitamine und Ballaststoffe sind daher für das Funktionieren des Organismus lebensnotwendig.

Katzen zeigen durch ihr Verhalten, ob sie sich wohlfühlen und die Lebensqualität stimmt.

1x1 der Katzenfütterung

Feste Futterzeiten Halten Sie feste Fütterungszeiten ein. Katzen sind Gewohnheitstiere und stellen sich auf Termine ein. Auch Freilaufkatzen erscheinen pünktlich zur Fütterung und lassen sich dadurch an das Haus binden. Ein weiterer Vorteil: Wenn Mieze weiß, wann Essenszeit ist, wird zwischendurch nicht gebettelt.

Die Wahl des Futterplatzes Wählen Sie den Futterplatz so aus, dass der Futternapf in einer ruhigen Ecke und keinesfalls neben der Katzentoilette steht. Mindestens ein bis zwei Meter entfernt sollte die Schüssel mit frischem Wasser aufgestellt werden.

Ruhe, bitte! Bei der Nahrungsaufnahme sollte die Katze nicht gestört werden.

Die ideale Futterschüssel Näpfe sollten stand- und rutschfest, lebensmittelecht und gut zu reinigen sein. Bei zwei Tieren bitte alles im Doppelpack, damit es zu keinen Eifersuchtsszenen und Streitereien kommt.

Wohl temperiert Die Temperatur ist wichtig. Servieren Sie das Futter immer handwarm und nie aus dem Kühlschrank.

Fütterungstabus Rohes Fleisch, Knochen, verdorbene oder stark gewürzte Speisen, Hundenahrung sowie Schokolade gehören nicht in die Katzenschüssel. Rohes Fleisch kann Krankheitserreger enthalten, Knochen können Verstopfung und innere Verletzungen durch Splitter verursachen.

INFO

Nahrungsbedarf
Der Ernährungsbedarf der Katze hängt davon ab, ob sie die Möglichkeit zum Freilauf hat oder nicht. Der Energieverbrauch einer Katze steigt je nach Zeitdauer ihrer Aktivitäten im Freien, der Größe des Reviers und den klimatischen Bedingungen. Wenn Freigänger bei Wintereinbruch zu Stubenhockern werden, muss dies bei der Ernährung berücksichtigt werden. Auch Kätzchen, Katzensenioren und kranke Tiere haben unterschiedliche Bedürfnisse.

Fressen 85

Katzen sind Generalisten, die sich problemlos von einer Beuteart auf die andere umstellen können. Auf dem Speiseplan frei lebender Katzen stehen Nagetiere, Vögel, Insekten, Eidechsen, aber auch Hausmüll.

Besonders gefährlich sind Geflügelknochen. Hundenahrung deckt den hohen Proteinbedarf der Katze nicht ab. Auch Süßigkeiten wie Schokolade sind für Katzen giftig.
Verdauung braucht Zeit Daher keine körperlichen Aktivitäten nach der Fütterung.
Frisches Wasser Stellen Sie immer frisches Wasser in einem Napf zur Verfügung, zu dem die Katze rund um die Uhr Zugang hat.
Auf die Waage Regelmäßige Gewichtskontrollen verschaffen Ihnen einen Überblick über Miezes Konturen. Fühlen Sie ab und zu, ob die Rippen der Katze unter dem Fell leicht zu spüren sind.
Kleine Gourmets Katzen sind kleine Gourmets auf vier Pfoten. Manche von ihnen werden zu so genannten Feinschmeckern und entwickeln Vorlieben für eine ganz bestimmte Futtersorte. Alle anderen werden mit gerümpfter Nase abgelehnt. Sollte die Marke eines Tages nicht mehr geführt werden, steht der Katzenbesitzer ziemlich ratlos da.
Handfütterung in Ausnahmefällen Nur kranke und schwache Tiere sollten von Hand gefüttert werden. Mieze stellt sich sonst schnell darauf ein und verweigert die Nahrung, die im Napf gereicht wird.

TIPP

Jagdspiele
Wie wärs mit einem Jagdspiel mit „echter" Beute? Nehmen Sie sich etwas Trockenfutter und werfen Sie die Kroketten einzeln. Die Katze jagt den Häppchen hinterher und kann sie erfolgreich „erlegen". Positiver Nebeneffekt: Auch Moppel müssen sich bewegen.

Körper- und Fellpflege

Katzen gelten als die reinlichsten Tiere und das mit Recht. Wohnungskatzen verbringen bis zu fünf Stunden täglich mit der Körper- und Fellpflege. Die Hauptarbeit leistet dabei die raue Katzenzunge. Dort wo die Zunge nicht hinkommt, hilft der angefeuchtete Pfotenrücken. Auch die Zähne werden beim Kürzen der Krallen eingesetzt.

Beim Putzen nimmt die Katze Haare auf, die anschließend entweder über den Verdauungstrakt oder in Form von Haarballen ausgewürgt werden. Besonders Katzen mit langem oder mittellangem Fell benötigen nicht nur eine Nahrung, die reich an Pflanzenfasern ist, sondern auch Hilfe bei der Fellpflege. Regelmäßiges Bürsten entfernt die überschüssigen abgestorbenen Haare und verhindert, dass das Tier bei der täglichen „Katzenwäsche" zu viele Haare schluckt.

Was sich Katzen *wünschen*

Wenn sich Katzen bei uns wohl fühlen sollen, müssen wir ihre Bedürfnisse kennen. Neben Liebe und Zuneigung sind Respekt, Regelmäßigkeit, Rituale und Rücksichtnahme gefragt. Das sind die vier „R", die Katzen zum Schnurren bringen:

Soviel Zeit muss sein! Mehrmals am Tag eine ausführliche Katzenwäsche.

▸ **Respekt**
Respektieren Sie jede einzelne Katze als Individuum und mit den ihr eigenen Verhaltensweisen als Raubtier.

▸ **Regelmäßigkeit**
Katzen schätzen pünktliche Mahlzeiten und einen geregelten Tagesablauf, denn sie sind Gewohnheitstiere.

▸ **Rituale**
Tägliche Fixpunkte, wie Spiel-, Schmuse- und Streicheleinheiten geben Sicherheit und verstärken die Bindung. Auch der tägliche Gesundheitscheck, die Kontrolle von Fell (Zeckenbefall bei Freigängern), Augen, Ohren, Zähnen, After und Pfoten dauert wenige Minuten und ist ebenso wie der regelmäßige Tierarztbesuch bedeutend für die Gesundheitsvorsorge.

▸ **Rücksichtnahme**
Das Leben mit einer Katze erfordert Rücksichtnahme in alltäglichen Situationen wie auch im Zusammenleben mit Kindern.

Katzen, Babys und Kinder

Die Geburt eines Babys ist kein Grund, für Ihren Stubentiger ein neues Zuhause suchen zu müssen. Die Katze an ein Baby zu gewöhnen ist einfacher, als sie später mit krabbelnden Kindern zu versöhnen. Denn viele Tiere haben bereits schlechte Erfahrungen mit Kleinkindern gemacht, die im Umgang mit Tieren noch nicht sehr geübt sind und daher grob mit ihnen umgehen. Bei Beachtung einiger Regeln ist auch ein harmonisches Miteinander von Kind und Katze möglich.

Vorbereitung
muss sein

Nicht nur die zukünftigen Eltern sondern auch Mieze muss auf die Ankunft des neuen Erdenbürgers vorbereitet werden. Überlegen Sie sich bereits im Vorfeld, wie das Leben mit Baby und Katze ablaufen soll und welche neuen „Hausregeln" sich infolge ergeben. Veränderungen sollten Sie bereits einige Zeit vorher einführen, damit die Katze die neuen Bräuche nicht mit der Ankunft des Babys in Zusammenhang bringt. So kann die Beziehung zwischen Kind und Katze unbelastet beginnen.

Regelmäßige Fellpflege ist ein Zeichen des Wohlbefindens Ihrer Katze.

CHECK

Was Eltern bedenken sollten

☐ Sicherheit: Die Katze sollte niemals mit einem Baby oder Kleinkind allein gelassen werden, da ein Restrisiko nicht ausgeschlossen werden kann.

☐ Gesundheit: Katzen sollten gemäß tierärztlicher Weisung regelmäßig geimpft und vor Würmern und Flöhen geschützt werden.

☐ Eifersucht: Wenn nach der Ankunft des Babys plötzlich die Grundbedürfnisse der Katze nach sozialen Kontakten, Spielen sowie Pflege ignoriert beziehungsweise vernachlässigt werden, kann es zu eifersüchtigen Reaktionen des Tieres kommen.

Respekt und Vertrauen

Katzen bestimmen gern selbst, wann und zu wem sie sozialen Kontakt aufnehmen beziehungsweise ob sie gestreichelt werden möchten. Warten Sie daher, bis die Katze von sich aus Interesse am Familienzuwachs zeigt, und zwingen Sie Mieze nicht zu einer Kontaktaufnahme.

Nervosität ist übertragbar. Wenn Sie fahrig werden, weil die Katze in der Nähe des Babys ist, überträgt sich Ihre Stimmung auf sie. Erlauben Sie Ihrem Stubentiger das vorbereitete Kinderzimmer zu inspizieren, sie darf jedoch nicht im Bett des Babys schlafen. Ist das Kind endlich zu Hause, gestatten Sie der Katze, das Baby in Augenschein zu nehmen, und lassen Sie Mieze bei der täglichen Babypflege zusehen. So verliert der Neuankömmling den Reiz des Neuen und Verbotenen und Mieze wird nicht ständig versuchen, das neue Familienmitglied aufzusuchen, wenn Sie nicht unmittelbar in der Nähe sind.

Aneinander gewöhnen

Nicht einfach, aber erfolgreich ist es, sich um Baby und Katze fast zeitgleich zu kümmern. Denn schenkt man der Katze in Gegenwart des Babys vermehrte Aufmerksamkeit, wird sie es mit positiven Erfahrungen in Verbindung bringen. Das heißt, die Katze wird für braves Verhalten in Gegenwart des Kindes mit einem Leckerbissen belohnt oder gestreichelt. Wird der Vierbeiner ständig ignoriert, wenn der Nachwuchs wach ist, fühlt sich Mieze schnell vernachlässigt.

Check für Kids 89

CHECK

Check für Kids
So behandelst Du Deine Katze richtig

❏ *Katzen sind kein Spielzeug. Behandle Deine Katze so, wie Du selbst behandelt werden möchtest.*

❏ *Streicheln will gelernt sein: immer vom Kopf zum Schwanz, mit der Haarwuchsrichtung des Fells. Und nur so lange, wie die Katze möchte.*

❏ *Absolut verboten: Ziehen am Schwanz oder am Fell. Das tut der Katze weh und sie wird sich mit ihren Krallen wehren.*

❏ *Wenn Deine Katze schläft, wecke sie nicht auf. Störe sie nicht beim Fressen und Trinken, auch nicht, wenn sie gerade die Katzentoilette benutzt.*

❏ *Blicke Deiner Katze nicht starr in die Augen. Katzen empfinden das als unhöflich! Blinzle sie lieber an.*

❏ *Katzen mögen keine groben und lauten Spiele.*

❏ *Kleine Spielsachen und Murmeln könnten von Deiner Katze verschluckt werden. Räume Deine Spielsachen daher immer „katzensicher" weg.*

Mieze allein zu Hause

Katzen sind stark an ihr gewohntes Revier gebunden und Veränderungen sind ihnen ein Gräuel. Die heimische Umgebung und der gewohnte Tagesablauf geben Sicherheit und Geborgenheit. Mieze ist oftmals ganz froh, wenn sie vom jährlichen Urlaubsstress verschont bleibt und mit der richtigen Betreuung zu Hause bleiben darf. Wenn Sie keine Verwandten, Nachbarn oder Freunde haben, die bereit sind, sich während Ihrer Abwesenheit um die Katze zu kümmern, käme vielleicht ein Tiersitter infrage. Doch Betreuung ist mehr als nur Füttern und Katzentoiletten reinigen. Die Katze benötigt sowohl ihren gewohnten Zuspruch, ihre Schmuse- und Streicheleinheiten als auch ihre Spielstunde. Wichtig ist, dass der Catsitter sich bereits einige Zeit vor Ihrem Urlaub mit der Katze und ihren Vorlieben vertraut macht und von Ihnen alle relevanten Informationen betreffend Ernährung, Lieblingsspielzeug und mögliche Erkrankungen erhält. Vergessen Sie nicht, auch Ihre Urlaubsadresse sowie die Kontaktadresse Ihres behandelnden Tierarztes für eventuelle Notfälle zu hinterlassen.

Katzen in Pension

Katzenhotels oder Tierpensionen sind eine gute Alternative, wenn die Betreuung der Katze während des Urlaubs nicht durch Verwandte oder Freunde geregelt werden kann. Hören Sie sich bei Züchtern, Tierärzten oder anderen Katzenfreunden um, welche Tierpensionen empfohlen werden und statten sie dem Tierhotel einen Besuch ab.

Voraussetzungen

Folgende Voraussetzungen sollten auf jeden Fall erfüllt sein, bevor Mieze in die Pension geht:
Sauber und gepflegt Die Katzen sehen sauber und gepflegt aus. Die Räume, Futter- und Wasserschüsseln sowie Katzentoiletten sind sauber und werden täglich gereinigt.
Impfpflicht Nur Tiere, die einen gültigen Impfpass vorweisen können, entwurmt und entfloht sind, werden aufgenommen.
Futterwahl Es besteht die Möglichkeit, das Tier mit seinem gewohnten Futter zu ernähren.
Tierarzt vorhanden Es ist ein Tierarzt ausgewiesen, der die Tiere bei Bedarf betreut.
Schmusezeiten Es gibt auch „Personal" für Schmuse- und Spielzeiten.

Katzen bleiben lieber in der vertrauten Umgebung, als zu verreisen.

Mieze allein zu Hause 91

Kleine Snacks als Belohnung erleichtern die Katzenerziehung und locken beleidigte Tiere aus der Reserve.

Nicht ohne meinen Teddy Lieblingsspielsachen dürfen mitgebracht werden.
Betreuungsvertrag Lassen Sie sich auch über gesetzliche Bestimmungen aufklären. Der Betreiber der Katzenpension hat eine diesbezügliche Berechtigung und bei der Übernahme des Tieres wird ein Betreuungsvertrag abgeschlossen.
Für Individualisten Es ist eine getrennte Haltung möglich, die sich nicht mit Artgenossen verträgt.
Katzenräume Die Tiere werden nicht in Käfigen gehalten, sondern in speziell für die Bedürfnisse von Katzen eingerichteten Räumen.

▶ **Endlich zurück**
Zurückgekehrt aus dem Urlaub, werden Sie es kaum erwarten können, den geliebten Stubentiger in die Arme zu schließen. Doch Mieze kehrt Ihnen den Rücken zu und würdigt Sie keines Blickes. Kann passieren: Auch Katzen können beleidigt sein. Zusätzliche Streicheleinheiten, ein paar Leckerbissen oder ein gemeinsames Spiel lassen Mieze bald wieder Kontakt zu uns aufnehmen.

Noch etwas verärgert über Frauchens Urlaub, genießt Mieze doch ihre Anwesenheit.

Katzen in Aktion

Katzen spielen für ihr Leben gern, noch schöner ist das Jagen in freier Natur. Manchmal gehen Katzen auf Reisen und die ein oder andere wird auch zum viel umjubelten Star einer Ausstellung.

Katzen-Spiel

Spielen macht nicht nur Spaß, sondern ist auch für die Entwicklung der Katze und für die Mensch-Tier-Beziehung von Bedeutung. Spielen steht für Erziehung und Lernen, Fitness, Sozialkontakt, Kommunikation und Motivation. Gespielt wird mit Hingabe, entweder allein in Bewegungsspielen oder in gemeinsamen Spielen mit Artgenossen oder dem Lieblingsmenschen.

Eine ernsthafte Angelegenheit!
Auch wenn uns das Spiel zweckfrei erscheinen mag, geschieht in der Natur selten etwas ohne Grund. Vor allem Jungtiere hoch entwickelter Säugetiere und Vögel geben sich in ihrer Jugend dem Spiel hin. Manchen Tieren aber, wie den Katzen, Hunden, Affen, Bären und Delfinen, bleibt das Spielinteresse auch im Erwachsenenalter erhalten. Der direkte Zusammenhang zwischen dem Spiel, dem Wachstum und der Entwicklung wird vor allem dann ersichtlich, wenn dieser Verknüpfung nicht Rechnung getragen wird. In der Folge kann es zu Fehlentwicklungen oder Verhaltensproblemen kommen.

So lassen sich jagen, spielen und Krallen schärfen unter einen Hut bringen.

Mit dem Geschwisterchen lässt es sich herrlich raufen und Spaß haben.

Bereich des Beutefangs oder dem Sexualverhalten. Unermüdlich und übertrieben mutet das Spiel kleiner Kätzchen an. Aber die Tiere machen sich nicht nur körperlich fit, auch das Wahrnehmungs- und Reaktionsvermögen wird geschult und dabei wird die Verhaltensflexibilität gesteigert.

▶ **Training fürs Leben**
Körper und Sinne Die Katze ist ein Raubtier und zum Jagen geboren! Der perfekte Körperbau und die Supersinne lassen sie beim Beutefang zur Höchstform auflaufen. Doch erst die Übung macht den Meister und aus tollpatschigen Kätzchen müssen noch geschickte Jäger werden. Im Spieltrainingslager kleiner Katzen wird mit den Geschwisterchen intensiv geübt. Vor allem Handlungsabläufe aus diversen Verhaltensbereichen, deren Bedingungen erst im Erwachsenenstadium gegeben sind, werden erprobt. Einige Spielelemente stammen aus dem

Soziale Kompetenz
Spielen macht nicht nur Spaß, sondern spielt auch für die soziale Entwicklung der Katze und für die Anbahnung und Festigung von Beziehungen eine entscheidende Rolle. Spielerisch werden Erfahrungen im Umgang mit Artgenossen gesammelt und die Kontrolle der eigenen Aggression erlernt. Begreift das Kätzchen doch viel schneller, wie stark es zubeißen darf, wenn sich der Spielpartner abwendet oder mit einem Pfotenhieb oder gar einem Gegenbiss reagiert.
Aber nicht nur Artgenossen sind als Spielpartner gefordert! Positive Erfahrungen mit dem Menschen und intensive Beschäftigung im Spiel machen die Katze zu einem aufgeschlossenen Kameraden. Die Lernbereitschaft eines jungen Tie-

> **TIPP**
>
> *Für eine harmonische Mensch-Tier-Beziehung*
> *Die tägliche Beschäftigung mit Ihrer Katze bildet die Basis für eine harmonische Mensch-Katze-Beziehung. Eine Freilaufkatze wird wahrscheinlich weniger Spielzeit von Ihnen fordern als eine Wohnungskatze, aber dennoch schätzt sie auch das Spiel mit Ihnen.*

res ist während der Spielphasen am größten und so kann alles Neue spielerisch vermittelt werden, was das Kätzchen für das spätere Leben lernen soll.

Alle Katzen spielen

Kätzchen lernen spielerisch und erwachsene Katzen halten sich damit fit. Wild lebende Katzen ersetzen das Spiel bald durch die Jagd und unsere Zimmertiger müssen ihr Spiel verstärken, um überschüssige Energien abbauen zu können. Visuelle und akustische Reize motivieren nicht nur die Freilaufkatze zum Beutefang, sondern animieren auch unsere Wohnungskatze zu spielerischen Aktivitäten. Freilaufkatzen verbrauchen viel Energie bei der Jagd, da nur jeder 15. Jagdversuch erfolgreich ist. Auch Wohnungskatzen müssen ihren Jagdtrieb ausleben können und daher ihre überschüssigen Kräfte im Spiel abbauen. Ist dies nicht möglich, veranstalten vor allem einzeln gehaltene und unterbeschäftigte Katzen spielerisch-aggressive Angriffe auf Frauchen oder Herrchen. Die Reaktionen des Halters – wie Erschrecken, Schreien oder Spielzeugwerfen – bringen Aufregung in den manchmal sehr eintönigen Katzenalltag. Die Katze findet das neue Jagdspiel prima. Hauptsache, es schenkt ihr jemand Beachtung, denn auch negative Aufmerksamkeit wie Schimpfen oder Schreien ist besser als gar keine. Der Mensch zeigt weniger Begeisterung.

Im Spiel üben Kätzchen bereits Elemente des Jagdverhaltens.

> **WICHTIG**
>
> **Spiel als Stimmungsbarometer**
> Das Spiel ist ein Indikator für das Wohlbefinden! Tiere, die unter Stress stehen, Angst haben oder krank sind, spielen weniger beziehungsweise gar nicht mehr. Nur in ihrer vertrauten Umgebung und wenn sich die Katze wohl fühlt, bereitet ihr das Spiel Vergnügen.

Spielregeln

▸ **Spielpartner**
Mit Artgenossen lässt es sich wild durch die Wohnung toben oder herumbalgen. Der bevorzugte Spielpartner der Katze ist jedoch der Mensch.

▸ **Spieldauer**
Am besten ca. eine Stunde pro Tag, aufgeteilt in kleine Zeiteinheiten. 10 bis 15 Minuten sind eine ideale Länge für eine Spielphase, da Katzen nichts von Ausdauersport halten. Meist signalisiert sie ihre Ermüdung dadurch, dass sie das Interesse verliert und den Spielplatz verlässt.

▸ **Spielzeiten**
Katzen lieben die Regelmäßigkeit und stellen sich auf Termine ein. Spielaktivitäten nach der Fütterung sind tabu, denn auch die Verdauung benötigt ihre Zeit. Respektieren Sie Ruhezeiten und Körperpflegerituale Ihrer Katze.

▸ **Spielablauf**
Der Mensch bestimmt Beginn und Ende des Spiels. Gönnen Sie Ihrer Katze ein Erfolgserlebnis und lassen Sie Mieze das Mäuschen erwischen, sonst verliert sie schnell die Lust am Spiel.

▸ **Spieltempo**
Das Temperament der Katze ist unbedingt zu berücksichtigen. Zu wilde Spielweisen verursachen Stress und belasten junge und ängstliche Tiere.

Der ideale Fitnessplatz für Samtpfoten: verstecken, anschleichen, jagen, springen und Krallen schärfen ist möglich.

Rücksicht beim Spiel

Alter, rassespezifische Unterschiede, Charakter, individuelle Reife, Gesundheitszustand und Erfahrungswerte sind wesentliche Faktoren, die beim Spiel berücksichtigt werden müssen. Das bedeutet, dass sich junge Tiere zum Beispiel, trotz allen Spieleifers, nicht so lange auf Übungen konzentrieren können, wie erwachsene Tiere. Auch bei ausgewachsenen Katzen muss auf die körperliche Konstitution und Konzentrationfähigkeit geachtet werden. Ruhepausen schützen den tierischen Spielpartner vor körperlicher und seelischer Überforderung. Bitte beachten Sie eine eventuelle Verletzungsgefahr für Ihr Tier und veranlassen Sie die Katze nicht zu wilden Sprüngen in der Nähe von scharfen Kanten.

Spielsachen

Bälle, Federwedel oder Fellmäuse sind tolle Spielsachen. Noch besser ist es, wenn der Mensch sich für das tägliche Spiel Zeit nimmt. Vorsicht bei Spielzeug mit Gummibändern oder kleinen, leicht zu verschluckenden Teilen.

Spielerische Erziehung

Im Spiel lässt sich allerhand lernen. Bei gezeigtem Erfolg des Spieles sollten Sie Mieze mit viel Lob oder auch einem Leckerbissen belohnen. Bei Misserfolg nicht schimpfen.

Auftritt der Akteure

Brauchbare Bewegungsabläufe

Bereits mit fünf Wochen trainieren Kätzchen spielerisch Bewegungen, die sie später zu ausgezeichneten Jägern machen. Viele Beutefanghandlungen sind auch in den spielerischen Aktivitäten unserer Wohnungskatze wiederzufinden. Mäusesprung, Fischangeln und Vogelhaschen sind im Spiel zu beobachten.

Mäusesprung

Mit den Hinterpfoten steht die Katze fest auf dem Boden, der Vorderkörper richtet sich auf, dreht sich seitwärts, und mit gestreckten Vorderpfoten wird auf die scheinbare Beute gesprungen. Markant dabei ist, dass die Katze nicht in die Höhe springt, sondern von oben herab.

Nach einem aufregenden Spiel schläft Mieze auch im Eifer des Gefechts ein.

Vorsichtig anstubsen, ob es sich bewegt!

Fischangeln
Um einen Fisch an Land zu ziehen, ist einiges an Geschick und Kraft notwendig. Mit ausgefahrenen Krallen und einem seitlich ausholenden Hieb erfolgt der Schlag auf die Beute, ganz so wie die Bären dies bei ihrem jährlichen Lachsfang tun.

Vogelhaschen
Wenn Sie beim Spiel mit Ihrer Katze öfter eine Spielangel einsetzen, dann kennen Sie diese Bewegungen sicher nur allzu gut. Die Katze versucht zunächst sitzend mit der Vorderpfote und ausgefahrenen Krallen nach der Beute zu fassen, die über ihr an der Angel schaukelt. Kann sie das Objekt der Begierde nicht erhaschen, folgt blitzschnell der Sprung aus dem Stand in die Luft.

Spieltypen

Manche Katzen spielen allein, viele mit ihren Artgenossen, doch alle lieben das Spiel mit ihrem Menschen. Je nach Temperament, Wesen und Vorlieben ziehen manche Tiere geruhsame Spiele vor, andere mögen es lieber wild. Mancher Stubentiger möchte sich nicht nur austoben, sondern auch sein Köpfchen trainieren.

Die Solisten
Katzen, die allein spielen, sind in der Minderheit. Die Einzelspieler unter den Katzen bevorzugen entweder reine Bewegungsspiele, wie durch die Wohnung jagen oder am Kletterseil schaukeln, oder so genannte Objektspiele. Beliebte Spielobjekte sind Mäuschen, Stoffsäckchen mit Katzenminze-Duft oder Bälle.

Katze mit Katze
Mit einem Artgenossen ist das Leben viel spannender, das Rumtoben macht mehr Spaß und schnell können sich wilde Kampfspiele ergeben. Versteckspiele im Raschelsack oder Katzentunnel sind sehr beliebt.

Katze mit Mensch
Die Bezugsperson ist der liebste Spielpartner. Spannend ist jedes Spiel mit dem Menschen, der für die Katze Fellmäuschen zum Leben erweckt und die Federn an der Spielangel einem Vogel gleich durch die Luft schwirren lässt. Motto des Spiels ist Teamwork: der Mensch bewegt, die Katze jagt.

Spielideen

Katze ist nicht gleich Katze und jedes Tier hat individuelle Vorlieben für bestimmte Spiele. Nachfolgend einige Anregungen für spannende Spiele zwischen Mensch und Tier:

Ballspiele
Bälle stehen in der Beliebtheitsskala ganz oben. Ein leichter Pfotenhieb oder Schubs von Menschenhand, der Ball setzt sich in Bewegung und Mieze jagt hinterher. Im Zoofachhandel gibt es vom einfachen Ball bis zum Luxusball, der im Dunkeln leuchtet oder von allein wieder zurückrollt, alles. Besonders beliebt sind Snackbälle, die den Jagdtrieb der Katze anregen. Die Bälle werden mit Trockenfutter befüllt. Wenn die Katze mit dem Bällchen spielt, wird ab und zu eine Krokette herausfallen. Diese Belohnung wird die Katze immer wieder neu animieren. Auch Katzenfußball macht Spaß. Die Katze bezieht die Position des Tormannes vor einer Mauer oder in einer Ecke. Der Mensch rollt den Ball auf die Katze zu.

Beim Spiel möchte Mieze als Siegerin hervorgehen und die Spielbeute ihr eigen nennen.

Die Katze wird versuchen, den Ball zu halten, um ihn zurückzuschießen. Auch das Spiel mit nicht zu schweren Bällen aus Vollgummi macht Spaß. Lassen Sie den Ball auf den Boden springen, während die Katze versucht, ihn zu erhaschen.

> **TIPP**
>
> *Auf Augenhöhe*
> *Katzen lieben es, wenn ihr Spielpartner sich auf gleicher Höhe befindet. Beweisen Sie Fitness und begeben Sie sich auf den Boden, um mit Ihrer Katze zu spielen.*

Nach dem Toben muss man ruhen. Die Spielmaus behält Mieze sicherheitshalber im Maul.

Such-, Versteck- und Angelspiele

Katzen sind fasziniert von Höhlen: sehen und nicht gesehen werden! Große Kartons, in die Ein- und Ausgänge geschnitten werden, sind ideale Versteckmöglichkeiten. Seidenpapier oder Luftschlangen, die rascheln, sind ausgezeichnet zum Toben, Verstecken und Anschleichen geeignet. Aber auch eine wilde Verfolgungsjagd mit dem Menschen macht Spaß.

Zum Fischen und Angeln schneiden Sie ein ausreichend großes Loch in eine Toiletten- oder Küchenpapierrolle und verschließen die beiden Enden mit Seidenpapier.

Lassen Sie Ihre Katze nach Trockenfutter oder einem Mäuschen angeln. Sie können aber auch ein weites Gefäß mit etwas Wasser befüllen und Ihre Katze nach schwimmenden Korken fischen lassen. Auch ein Stöpsel, an eine Schnur gebunden, der langsam unter einer Decke oder einem Teppich durchgezogen wird, wird zur begehrten Beute. Spielangeln und Federwedel sind optimal geeignet, um den Jagdtrieb der Katze zu stimulieren. Bei diesem Spiel ist Schnelligkeit, Fitness und Reaktionsfähigkeit gefragt; und es lässt sich herrlich mit dem Menschen und dem Artgenossen spielen. Wenn Federbüschel oder Mäuschen an der Angel tanzen, ist Mieze nicht mehr zu halten. Noch aufregender wird die Jagd, wenn das Mäuschen an der Angel – genau wie eine richtige Beute – sich hinter dem Tischbein versteckt.

Wenn Sie den ganzen Tag außer Haus sind, ist es wichtig, Ihren

> **TIPP**
>
> **Hände sind tabu**
> *Spielen Sie keine Kampfspiele mit der Hand, denn die Katzen lernen dabei, dass das Beißen und Kratzen anscheinend in Ordnung ist. Aggressive Spiel- und Verhaltensweisen können die Folge sein.*

Spielideen **101**

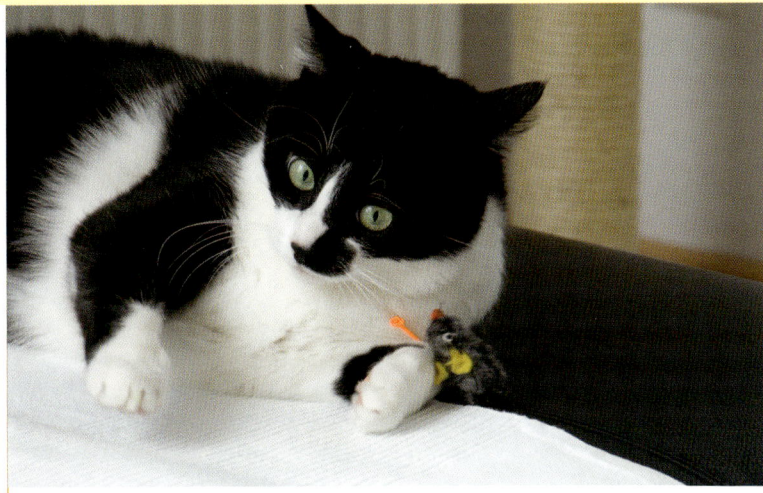

Schon etwas müde vom Spiel, genießt die Katze die Streicheleinheiten ihres Menschen.

Katzen einen interessanten Tag zu gestalten. Verstecken Sie doch einmal Trockenfutterkroketten in der Wohnung, die Ihre Katze suchen kann, während Sie unterwegs sind.

Spielzeug für alle Sinne

Gutes Spielzeug spricht alle Sinne an: Augen, Nase, Ohren und Pfoten sowie Krallen wollen eingesetzt werden! Eine große Auswahl an gut sortiertem Katzenspielzeug ist im Zoofachhandel erhältlich, auch Dinge, die duften und rascheln.

WICHTIG

Vorsicht, gefährliches Spielzeug

> Bälle sollten mindestens die Größe eines Tischtennisballes haben, damit sie nicht beim Spiel versehentlich verschluckt werden können. Sind sie kleiner, kann die Katze daran ersticken. Murmeln sind ebenfalls ungeeignet.

> Das Spielzeug darf nicht scharfkantig sein oder im Eifer des Gefechts splittern. Das könnte Verletzungen im Maul oder an den Pfoten verursachen.

> Überprüfen Sie das Spielzeug auf kleine, leicht zu verschluckende Teile, zum Beispiel, ob sich die Augen bei Spielmäuschen leicht ablösen lassen. Entfernen Sie diese Teile vor Spielbeginn, damit Ihre Katze sie nicht abmontiert.

> In Wollknäueln kann sich die Katze mit den Krallen verheddern und in Plastiksäcken besteht Erstickungsgefahr.

> Spielsachen sollten frei von giftigen Farbstoffen und Beschichtungen sein.

CHECK

Spieltypen
Wissen Sie, zu welchem Spieltyp Ihre Katze gehört? Kreuzen Sie an, welche Aussagen auf sie zutreffen. Vielleicht entdecken Sie ja auch ganz neue Seiten an ihr.

	ja	nein
Entdecker und Forscher Neugierig wird alles und jeder in der Wohnung untersucht und sogar die Tasche von Frauchen nach jeder Heimkehr kontrolliert. Besonderes Geschick zeigt sie beim Aufspüren von Leckerlis.	☐	☐
Raufbold und Jäger Sie balgt gern mit Artgenossen, aber auch das Sofakissen lässt sich herrlich mit den Pfoten traktieren. Alles lohnt sich zu erjagen, Mäuschen, Bälle, auch die Zehen und Knöchel des Menschen haben eine anziehende Wirkung.	☐	☐
Akrobat und Sportler Kein Schrank ist zu hoch und kein Ball rollt zu weit. Klettern und Laufen sind ihre Leidenschaft und die Energie scheint grenzenlos.	☐	☐
Alleinunterhalter Erfindungsreich wird jeder Gegenstand zum Spielzeug und beim kleinsten Aufkommen von Langeweile wird die Wohnung auf den Kopf gestellt.	☐	☐
Softie Neues Spielzeug verunsichert und es dauert einige Zeit, bis sich Mieze aus ihrem Versteck traut, vor allem, wenn Besuch kommt. Sanfte Spiele mit dem Menschen mit anschließender Schmusestunde machen ihr am meisten Spaß.	☐	☐
Spielmuffel Ein normales Bällchen ist zu langweilig. Spielsachen müssen rasseln und rascheln oder nach Katzenminze duften. Noch besser ist es, wenn der Mensch mitspielt und die Fellmäuschen in hohem Bogen durch die Luft geworfen werden, da erwacht auch der Spielmuffel zum Leben.	☐	☐

Abenteuer Freilauf

Beim Freilauf scheiden sich die Geister der Katzenhalter. Während die einen voraussetzen, dass die Katze arttypische Verhaltensweisen nur mit der Möglichkeit zum Freilauf ausleben kann, behaupten die anderen, dass auch Wohnungskatzen glückliche Tiere sind. Fakt ist, dass bei einer Katze in reiner Wohnungshaltung Lebensqualität ein Muss ist, und viel Zeit für Betreuung, Spiel- und Schmusestunden eingerechnet werden muss. Wenn Sie sich entscheiden, Ihrer Katze Freilauf zu ermöglichen, sollten Sie wissen, dass der Ausflug in die Freiheit mit einigen Gefahren verbunden ist, und Wohnungskatzen in der Regel eine höhere Lebenserwartung haben. Bei Patrouillengängen durch das Revier kann es durchaus zu ernsthaften Auseinandersetzungen mit Artgenossen kommen. Durch Begegnungen mit anderen Katzen sind die Tiere auch einem höheren Infektionsrisiko ausgesetzt. Die größte Bedrohung geht jedoch vom Straßenverkehr aus, da die Tiere die Geschwindigkeit der herannahenden Autos nicht immer abschätzen können oder von den Scheinwerfern geblendet werden. Abenteuerlich ist das Leben einer Freilaufkatze auf jeden Fall, bietet es doch die Möglichkeit zur einzig wahren Berufung des Raubtieres, zur Jagd.

In der freien Natur kann die Katze Verhaltensweisen, wie Erkunden, Beobachten, Verstecken, Jagen und Markieren uneingeschränkt ausleben.

INFO

Der Ruf der Freiheit
Meistens gibt es Probleme, wenn man eine Katze, die Freilauf gewöhnt ist, zur reinen Wohnungshaltung überreden möchte. Der Verzicht auf die täglichen Streifzüge ist eine große Veränderung im Leben der Katze und wird nur von wenigen Tieren akzeptiert. Es gibt jedoch viele Katzen, die im Winter in der Wohnung leben und die restliche Zeit des Jahres über Freigang verfügen.

Mit speziellen Katzennetzen kann man den Garten einzäunen. Das gewährt der Katze sicheren und kontrollierten Freigang.

TIPP

Tipps für den Freilauf

› Ist Ihre Katze gechipt? Wurde sie auch in einer Tierkennzeichnungsdatenbank registriert? So kann ein vermisstes Tier wiedergefunden werden.

› Trägt Ihre Katze ein Halsband mit Adresse? Haben Sie ein Sicherheitshalsband mit einer Sollbruchstelle gekauft, das bei starker Belastung reißt? Viele Katzen bleiben bei der Jagd mit dem Halsband in Ästen hängen und können sich dann nicht mehr befreien.

› Ist Ihre Katze gegen Katzeninfektionskrankheiten und gegen Tollwut geimpft? Haben Sie auch gegen Zecken, Flöhe und Würmer vorgesorgt? Regelmäßige tierärztliche Kontrollen sind ein Muss.

› Ist Ihre Katze kastriert?

› Haben Sie auch über Möglichkeiten des kontrollierten Freilaufs nachgedacht? Folgende Möglichkeiten bieten sich an: Katzenklappen, die bei Ausgehverbot einfach verschlossen werden, Außengehege oder Freigang an der Leine.

Katzen an der Leine?

Das haben Sie sich sicher auch schon gefragt: Im städtischen Erscheinungsbild sieht man Hunde, die an der Leine gehen. Sind sie die einzigen Haustiere, die das Privileg genießen, ihre Menschen im alltäglichen Leben und auch auf Reisen begleiten zu dürfen? Hunde sind ausgesprochen soziale Tiere, ihre Lebensform ist das Rudel und der Mensch übernimmt die Rolle des Rudelpartners.

Katzen hingegen haben ein anderes Sozialverhalten, sie gelten als Individualisten und bestimmen gern selbst, wie sie ihren Tagesablauf organisieren. Dem Großteil der Katzen liegt es fern, den Hunden in puncto Leinenführigkeit den Rang abzulaufen. Dennoch ist es möglich, Katzen an die Leine zu gewöhnen.

Es ist für die Katze nicht lebensnotwendig, dass sie es erlernt, dennoch kann es in bestimmten Situationen hilfreich sein. Vor allem in Notsituationen kann es wichtig werden, die Katze schnell an einen Ort oder zu einem Tierarzt bringen zu können. Beachten Sie bitte, dass nicht jedes Tier leinentauglich ist und Katzen jede Art von Zwang verabscheuen.

▶ **Was Sie beachten sollten**
Bevor Sie Ihre Katze an die Leine gewöhnen, gilt es, einige Grundregeln zu beachten:
Voraussicht gefragt Die Katze ist auf Sie angewiesen, wenn sie an der Leine ist. Sie müssen die Umgebung im Auge behalten, denn bei eventuellen Gefahren kann sie nicht, wie sonst üblich, auf einen Baum ausweichen, um sich in Sicherheit zu bringen.
Hunde meiden Daraus ergibt sich die zweite Regel: Gehen Sie Hunden aus dem Weg und meiden Sie Straßen mit starkem Verkehr.
Impfschutz Darf die Katze vor die Tür, benötigt sie Impfschutz sowie Floh- und Zeckenvorsorge.
Identität Ein Anhänger mit Ihrer Adresse beziehungsweise ein Mikrochip-Implantat sorgen dafür, dass man Sie als Halter ausfindig machen kann, sollte Ihnen die Katze beim Spaziergang entkommen.
Leinenführigkeit Katzen gehen nicht wie Hunde an der Leine, sondern ziehen in alle erdenklichen Richtungen. Lassen Sie Ihre Katze führen und ziehen Sie nicht an der Leine.

▶ **Katzengeschirr und Leine**
In erster Linie müssen Sie zuerst ein Katzengeschirr und eine Leine kaufen. Aus einem Brustgeschirr kann die Katze nicht so leicht herausschlüpfen wie aus einem Halsband. Voraussetzung für beide ist, dass sie optimal sitzen, das heißt, Sie können nicht mehr als zwei Finger zwischen Geschirr und Katze schieben. Das Halsband darf auf keinen Fall so eng gewählt werden, dass die Katze gewürgt wird. Am leichtesten lassen sich Kätzchen von klein auf an die Leine gewöhnen. Ältere Tiere finden weniger Gefallen daran.

▶ **Achtlos liegen lassen**
Haben Sie Brustgeschirr und Leine erworben, lassen Sie beides in der Wohnung liegen. Katzen sind neugierige Tiere und Ihr Stubentiger wird die Utensilien bald begutachten. Nach einigen Tagen geben Sie der Katze Leckerbissen oder Trockenfutterkroketten an der Stelle, wo Leine und Geschirr deponiert sind. Lässt sich Ihre Katze beim Fressen nicht durch das neue Zubehör beeindrucken, können Sie zum nächsten Schritt übergehen.

▶ **Geschirr anziehen**
Legen Sie der Katze das Geschirr an und geben Sie ihr sofort einen Leckerbissen. Macht die Katze den Eindruck, als ob sie dieses neue Ding um ihren Brustkorb stören würde, dann versuchen Sie sie durch ein Spiel abzulenken. In den nächsten Tagen legen Sie ihr einmal täglich das Brustgeschirr an, bis sie sich

daran gewöhnt hat. Steigern Sie die Zeitdauer, in der das Geschirr getragen wird, Schritt für Schritt: von einer Minute bis zu zehn Minuten.

Freie wagen. Es wird einige Zeit dauern, bis die Katze Ihnen an der Leine folgt. Folgt die Katze, dann ist viel Lob angesagt, um die Verhaltensweise zu bekräftigen.

In ihrem Revier suchen Katzen regelmäßig ihre Lieblingsplätze auf, die oftmals sehr versteckt liegen.

▶ **Angeleint**
Hat es keine Rückfälle in Form von nervösem, ängstlichen oder aggressivem Verhalten gegeben, können Sie nun die Leine am Geschirr befestigen. Lassen Sie Ihre Katze frei in der Wohnung herumlaufen und passen Sie auf, dass die Leine nirgendwo hängen bleiben kann. Wiederholen Sie das Anleinen wie beim Brustgeschirr mit steigender Dauer. Wenn Sie das erste Mal die Leine in die Hand nehmen, darf die Katze keinen Zug spüren. Üben Sie zuerst in der Wohnung, bevor Sie sich ins

Mieze vermisst

Jeder Katzenhalter, dessen Katze Freilauf genießt, kennt und fürchtet den Gedanken, dass Mieze eines Tages nicht mehr nach Hause kommt. Das Warten auf die Rückkehr des geliebten Tieres wird von dunklen Überlegungen begleitet: Wurde die Katze von einem Auto angefahren und liegt verletzt am Straßenrand? Wurde Sie vielleicht im Wald von einem Jäger erschossen? Ist sie irrtümlich in einem Wochenendhaus eingesperrt worden? Oder wurde sie gar von Tierfängern gekidnappt? Wenn ein tagelanges Ausbleiben für Ihre Katze unüblich ist, sollten Sie sich aktiv auf die Suche machen.

Schritt 2: Suchradius ausdehnen
Suchen Sie die umliegende Gegend ab und fragen Sie auch bei Ihren Nachbarn nach, ob Mieze gesehen wurde. Ein aussagekräftiges Foto kann wertvolle Dienste leisten und den Befragten Auskunft geben, wie das vermisste Tier aussieht. Denn Tigerkatze ist nicht gleich Tigerkatze, und nicht jeder weiß, wie bestimmte Rassekatzen aussehen. Suchen Sie nicht nur tagsüber, sondern auch in den Morgen- und Abendstunden. Katzen sind dämmerungsaktive Tiere und gehen zu dieser Zeit auf die Jagd. Besonderes Augenmerk sollten Sie auf verlassene Häuser, Schuppen und Scheunen legen. Mieze könnte bei einer Besichtigungstour versehentlich eingesperrt worden sein.

Katzen mit Freilauf erneuern regelmäßig ihre Harnmarkierungen und kennzeichnen so die Grenzen ihres Reviers.

▶ **Notfallplan**
Schritt 1: Nähere Umgebung absuchen
Suchen Sie Ihr Haus vom Keller bis zum Boden ab. Schauen Sie in jede Ecke und in jeden Winkel. Nehmen Sie sich anschließend das Grundstück vor. Dasselbe gilt natürlich auch für Wohnungen. Bedenken Sie, dass Katzen Meister im Verstecken sind. Vielleicht wurde das Tier auch unbemerkt eingesperrt? Rufen Sie die Katze bei ihrem Namen und rascheln Sie mit einer Futterpackung.

Schritt 3: Suchzettel

Fertigen Sie Plakate an und verteilen Sie diese an Nachbarn oder heften Sie sie an Laternenpfähle und Pinnwände in Supermärkten. Der Flyer sollte ein Foto Ihrer Katze sowie den Namen, Ihren Namen, Adresse und Telefonnummer enthalten sowie die Daten, wann und wo das Tier verschwunden ist. Auch ein Finderlohn kann sehr hilfreich sein. Fragen Sie auch bei Tierheimen nach, vielleicht wurde das Tier dort abgegeben.

Schritt 4: Behörden informieren

Fragen Sie bei der Polizei oder bei den Straßenmeistereien nach, ob es Verkehrsunfälle mit Haustieren gegeben hat. Auch die örtlichen Tierärzte sollten Sie informieren, vielleicht wurde das Tier in einer Praxis zur Behandlung vorgestellt. Ist Ihre Katze mit einem Mikrochip versehen und bei einer Tierdatenbank registriert, kann sie vielleicht auf diesem Weg gefunden werden. Vielleicht kehrt sie auch von allein zurück.

Katze auf *Reisen*

Reisetiger sind sie keine, unsere Katzen, doch manchmal geht es nicht anders und Frauchen und Herrchen müssen begleitet werden. Katzen hängen an ihrem Revier und an ihren Gewohnheiten und schätzen es gar nicht, wenn sie dem Stress von Veränderungen ausgesetzt werden. Im Zweifelsfall sollten Sie davon ausgehen, dass sich Ihre Katze zu Hause wohler fühlt, wenn Sie ein bis zwei Wochen in den Urlaub fahren. Haben Sie jedoch eine längere Reise geplant oder besitzen ein Ferienhaus, in dem Sie den Sommer verbringen, wird Ihre Katze wohl mitfahren müssen.

Nicht nur bei Flügen und Bahnfahrten müssen die Transportbestimmungen aus Sicherheitsgründen eingehalten werden, sondern auch auf Reisen in Herrchens oder Frauchens Flitzer. Ein Transport der Katze im Fahrzeug ohne Transportbox ist gefährlich und nicht zulässig.

CHECK

Reiseliste für Katzen

☐ *Besorgen Sie bei Reisen mit der Bahn oder mit dem Flugzeug die nötigen Transportvorschriften.*

☐ *Erfragen Sie die Einreisebestimmungen für das Reiseziel.*

☐ *Gehen Sie rechtzeitig zum Tierarzt, um die Impfungen aufzufrischen. Lassen Sie sich eine Reiseapotheke vorbereiten.*

☐ *Der EU-Heimtierausweis für Katzen auf Reisen ist verpflichtend. Dieser Pet Pass belegt, dass das Tier gegen Tollwut geimpft und mit einem Mikrochip gekennzeichnet ist.*

☐ *Stellen Sie das Reisegepäck für die Katze zusammen (Futter- und Wassernapf, Spielzeug, Kuscheldecke, Bürste, Katzengeschirr und Leine). Erkundigen Sie sich, ob am Urlaubsziel die Nahrung erhältlich ist, die Ihre Katze gewohnt ist, und ob das Wasser Trinkwasserqualität aufweist. Eventuell müssen Sie auch eine Katzentoilette und die gewohnte Einstreu mitnehmen.*

Es geht auf eine Ausstellung

Sie sind sich sicher, dass Ihr Liebling die schönste Katze ist, der Sie jemals begegnet sind? Dann ist eine Katzenausstellung vielleicht eine Möglichkeit, ihre Schönheit auch anderen Katzenfans zu präsentieren.

Seit der ersten Katzenausstellung 1781 im Kristallpalast in London finden jährlich weltweit Schönheitswettbewerbe für Katzen statt, wo vorwiegend Züchter aber auch Privatpersonen Katzen jeder Rasse zeigen. Alle vierbeinigen Teilnehmer müssen genau definierten Rassekriterien entsprechen, denn jeder Katzenrasse wird ein Rassestandard zugrunde gelegt. Gestalt und Körperbau, Kopfform, Augen, Nase und Ohren sowie Farbe und Fellzeichnung sind entscheidend. Je ähnlicher die Katze dem festgelegten Rassestandard ist, desto größer ist ihre Chance, Champion zu werden. Aber auch die europäische Hauskatze beziehungsweise Rassekatzen ohne Stammbaum können bei einer Katzenshow mitmachen und einen Titel erzielen.

Vorbereitungen für die Show
Haben Sie sich und Ihre Katze für die Show angemeldet, dann geht es an die Vorbereitungen, die eine Menge Zeit erfordern. Es gilt, nicht nur die Anreise zur Show, Hotelaufenthalt etc. für sich und die Katze zu planen, Sie müssen auch an Ihre Katze und das Ausstellungszubehör denken.

Impfpflicht und Reglements
Auf Katzenausstellungen sind nicht nur viele Katzen und ihre stolzen Besitzer anzutreffen, es kommen auch viele Besucher, um die Katzenschönheiten zu bestaunen. Die Katze ist auf der Show einem erhöhten Infektionsrisiko ausgesetzt und sollte daher über ausreichenden Impfschutz verfügen. Gesundheitsstatus und Impfpass werden auch vom Show-Tierarzt kontrolliert, wenn Sie mit Ihrer Katze die Ausstellungshalle betreten. Beachten Sie bitte, dass die Vereine unterschiedliche Reglements haben! Detaillierte Informationen betreffend der Teilnahmebedingungen sind über die Zuchtverbände erhältlich.

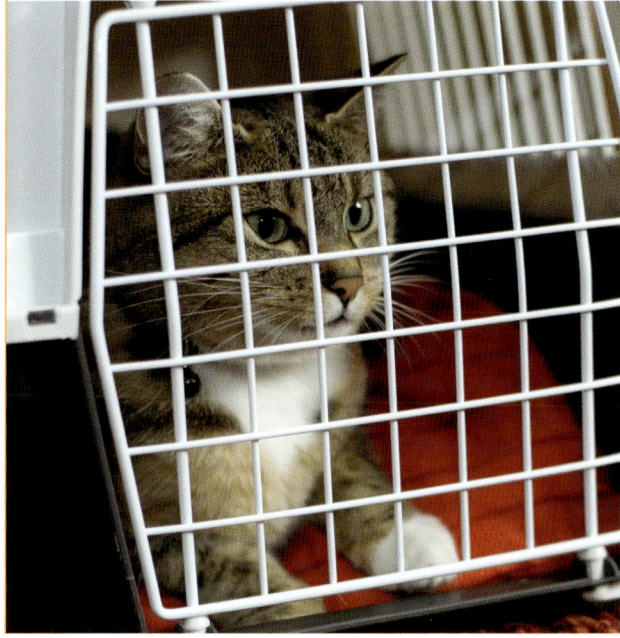

Transportkörbe bedeuten meistens Stress, entweder geht es auf Reisen oder zum Tierarzt.

Beziehungs-
krisen

Wenn Katzen Probleme machen, geschieht das niemals ohne Grund. Während wir Menschen über Schwierigkeiten im zwischenmenschlichen Zusammenleben sprechen können, muss die Katze ihren Unmut durch ihr Verhalten zum Ausdruck bringen.

Krankheiten ausschließen

Wenn Katzen körperliche Probleme haben, benehmen sie sich plötzlich anders als gewohnt. Daher sollten Sie eine eventuelle Erkrankung durch einen Tierarzt ausschließen lassen, bevor die Ursachen für das veränderte Verhalten in der Mensch-Tier-Beziehung oder im unmittelbaren Lebensumfeld gesucht werden.

▶ Spielen hilft

Beziehungskrisen können durch so genannte „Spieltherapien" behoben werden: Sie verändern die interaktiven Grundregeln zwischen Tier und Tierhalter zum Positiven, stärken die Mensch-Tier-Beziehung, stillen das Bedürfnis des Tieres nach körperlicher und geistiger Beschäftigung, und verbessern auch die Beziehungen zu Artgenossen. Spiel- und Beschäftigungsprogramme sollten individuell auf die betreffende Katze, unter Einbezug des Tierhalters, abgestimmt werden. Wesen, Aktivitätsgrad, Spielvorlieben und Lebensumfeld müssen dabei berücksichtigt werden.

WICHTIG

Gesundheits-Check bei Verhaltensänderungen
Krankheiten führen auch dazu, dass Katzen ihr Verhalten ändern, oft schon, bevor körperliche Beschwerden für den Tierhalter ersichtlich werden. So kann Teilnahmslosigkeit auf Magen-Darm-Probleme, vermehrtes Lecken der Genitalregion auf Erkrankungen der Ausscheidungs- oder Geschlechtsorgane, Aggressivität auf Schmerzen und Futterverweigerung auf Zahnbeschwerden und Zahnfleischentzündungen hindeuten. Eine Konsultation des Tierarztes Ihres Vertrauens ist daher unerlässlich!

CHECK

Beziehung auf dem Prüfstand

Treffen eine oder mehrere Aussagen auf Ihre Katze zu, kündigen sich Beziehungsprobleme an. Räumen Sie Missverständnisse gleich aus dem Weg. Lernen Sie die Verhaltensweisen Ihrer Katze verstehen und reagieren Sie entsprechend auf Probleme.

- ❏ Ihre Katze zeigt in bestimmten Situationen Verhaltensweisen, die Sie stören.
- ❏ Sie schimpfen öfter mit Ihrer Katze.
- ❏ Ihre Katze ist überwiegend ängstlich oder nervös.
- ❏ Ihre Katze ist meist aufdringlich und fordert ihre Wünsche laut klagend ein.
- ❏ Manchmal passieren „Unfälle" außerhalb der Katzentoiletten.
- ❏ Sie werden von Ihrer Katze öfter angefaucht und manchmal auch durch Kratzer und Bisse verletzt.
- ❏ Ihre Katze zerkratzt Tapeten oder Möbelstücke.
- ❏ Sie haben in letzter Zeit verändertes Verhalten bei Ihrer Katze festgestellt.

Probleme
erkennen und lösen

Auf folgende Arten sagt Ihnen Ihre Katze, dass sie ein Problem hat:

Ängstliches Verhalten
Situation Die Katze hat Angst vor einem bestimmten Familienmitglied, vor einer anderen Katze oder in bestimmten Situationen. Das Tier signalisiert durch die Körpersprache seine Unsicherheit in den verschiedenen Situationen.

Ursachen Bei Katzen gibt es große individuelle Unterschiede bezüglich Sensibilität gegenüber Umweltreizen, Geselligkeit oder Freundlichkeit gegenüber anderen Tieren oder Menschen. Ihre Katze kann von Natur aus ein eher ängstlicher Typ sein oder sie wurde in ihrer Jugendzeit nicht ausreichend sozialisiert. Die Angst vor bestimmten Personen entsteht oftmals, wenn die Tiere von dieser Person für „Unfälle" außerhalb der Katzentoilette oder Kratzen an verbotenen Gegenständen be-

Probleme erkennen und lösen **113**

straft, gegen ihren Willen festgehalten werden oder zu grob mit ihnen gespielt wird. Der Angst vor Artgenossen gehen oft heftige Auseinandersetzungen untereinander voraus.

Lösungen Ziel ist die Verbesserung der Beziehung zwischen der Katze und der gefürchteten Person. Daher sollte sie die Katze von nun an füttern, ihr Leckerbissen geben und mit ihr spielen, um das Verhältnis zu verbessern. Eine gute Beziehung zur Katze lässt sich am bestem aufbauen, wenn sie über Zeitpunkt, Ort und Dauer der Sozialkontakte entscheiden kann. Ferner müssen die Rückzugsplätze der Katze strikt respektiert werden.

Bei Schwierigkeiten zwischen zwei Katzen sollte versucht werden, die beiden schrittweise wieder an ein friedliches Zusammenleben zu gewöhnen.

INFO

Angst macht Sinn
Vorsicht und Angst sind mitunter lebensnotwendig. In freier Natur warnt die Vorsicht, und die Angst verhindert oftmalig gefährliche Auseinandersetzungen mit Artgenossen. Während Tiere, die einander fürchten, sich im Revier aus dem Weg gehen können, ist dies in der Wohnung nicht möglich. Die unterlegene Katze wird ständig mit dem dominanten Tier konfrontiert und gerät dadurch in Dauerstress. Dies kann körperliche Erkrankungen, aber auch Verhaltensprobleme nach sich ziehen.

Katzen genießen die Zuwendung ihres Menschen, aber nur solange sie wollen.

Aggressivität

Situation Die Katze sieht sich in der Verteidigungsposition und reagiert aggressiv, wenn der Mensch sie unerwünscht hochhebt oder die Signale der Katze, das Spiel oder das Streicheln zu beenden, missachtet. Manchmal ist auch die Katze der Initiator und beginnt die Auseinandersetzung mit einem Artgenossen oder dem Menschen, ohne sich verteidigen zu müssen.

Ursachen Aggressive Verhaltensweisen haben oftmals unterschiedliche Gründe und sind eine Reaktion auf ein bestimmtes Verhalten eines anderen Lebewesens. Katzen verteidigen sich oder ihren Nachwuchs gegen Feinde, in Angstsituationen, zur Schmerzvermeidung, aber auch bei schmerzhaften Erkrankungen. Der Fall, dass die Katze die Auseinandersetzung mit Artgenossen oder Menschen sucht, ohne sich wehren zu müssen, ist eher selten.

Lösungen Das Bedürfnis nach Geselligkeit ist von Katze zu Katze verschieden. Das ist ein Grund, wieso Katzen aggressiv reagieren können, zum Beispiel wenn der Mensch sie gegen ihren Willen hochhebt oder sie weiterhin streichelt, obwohl die Katze genug hat. Durch einen Pfotenhieb – anfänglich noch ohne Krallen – oder einen zarten Biss wird die Katze dem Menschen zu verstehen geben, dass es reicht. Achten Sie auf die Körpersprache Ihrer Katze und tolerieren Sie Ihr Bedürfnis nach Ruhe. Dann braucht sie sich auch nicht zu wehren.

> **TIPP**
>
> *Aggression*
> *Als Aggression oder Aggressionsverhalten werden alle Elemente des Angriffs-, Verteidigungs- und Drohverhaltens bezeichnet. Aggression ist nicht gleichbedeutend mit Aggressivität. Das Ausmaß der Angriffsbereitschaft eines Tieres wird als Aggressivität bezeichnet, die durch Umweltbedingungen und Erfahrungen beeinflusst wird.*

Probleme erkennen und lösen

Attacken aus dem Hinterhalt

Situation Die Katze versteckt sich hinter einem Schrank oder unter dem Sofa. Angespannt beobachtet sie die Umgebung und lauert auf jede kleine Bewegung. Kommt ein Mensch vorbei, nutzt sie die Chance und schießt wie ein Pfeil aus ihrem Versteck hervor, um sich auf die Beine des Ahnungslosen zu stürzen. Ein lustiges Spiel für die Katze, weniger lustig für den Besitzer.

Ursachen Spielerische Attacken gegen den Menschen werden vorwiegend von jungen, aber auch erwachsenen Katzen initiiert.

Wenn der Besitzer dann während eines Angriffs erschrickt, schreit oder gar zur Ablenkung ein Spielzeug wirft, wird die Katze für ihr Verhalten belohnt. Und gerade diese Abwechslung suchen unterbeschäftigte Wohnungskatzen.

Lösungen Während eine Freilaufkatze etwa sechs Stunden täglich mit der Jagd verbringt, kann eine Wohnungskatze dieses elementare Bedürfnis nur durch Spiel ausleben. Es ist daher ausgesprochen wichtig, dass Katzenhalter jeden Tag mit ihrer Katze spielen, damit das Tier seinen Jagdtrieb ausleben kann.

Wenn die Katze genug vom Streicheln hat, muss sie dies oft durch Fauchen und Beißen zeigen, damit der Mensch sie versteht.

Besonders einzeln gehaltene Tiere, die tagsüber allein sind, oder Tiere, denen es an Möglichkeiten zu spielerischen und körperlichen Aktivitäten fehlt, zeigen spielerische Aggression.

TIPP

Aggressionen vermeiden
Achten Sie beim Streicheln auf die Körpersprache der Katze. Beginnt sie mit dem Schwanz zu peitschen und legt die Ohren an, ist es genug der Streicheleinheiten.

Wer die Nacht zum Tag macht, hat wohl einiges an Schlaf nachzuholen.

Nächtliche Aktivitäten

Situation Die Katze wird in der Nacht aktiv, geistert durch die Wohnung und sorgt dafür, dass der Mensch kein Auge zumacht. Angriffe auf die Zehen unter der Bettdecke sind ein beliebter, nächtlicher Zeitvertreib.

Ursachen Der Mensch versucht, die nächtlichen spielerischen Attacken auf seine Füße zu stoppen, indem er ihr Leckerli verfüttert. Die Katze lernt schnell, dass sie mittels dieser Attacken in den Genuss von zusätzlichen Leckerbissen kommt. Stellt der Katzenhalter das Füttern ein, werden sich die aggressiven Attacken anfänglich verstärken.

Lösungen Geben Sie der Katze tagsüber mehr Gelegenheit zum Spielen und ignorieren Sie die Angriffe der Katze, also keine Leckerli, kein Streicheln und auch kein Schimpfen! Lassen Sie sie nachts links liegen, auch wenn es schwer fällt.

Unsauberkeit

Situation Die Katze benutzt die Katzentoilette selten oder überhaupt nicht mehr. Oft wird neben die Katzentoilette oder auf den Rand gekotet oder uriniert.

Ursachen Oft meiden Katzen die Katzentoilette, wenn das Urinieren oder Koten aus medizinischen Gründen schmerzhaft oder unangenehm ist. Daher müssen körperliche Erkrankungen ausgeschlossen werden, bevor nach verhaltens- und umweltbedingten Ursachen gesucht wird. Psychischer Stress, verursacht durch einschneidende Veränderungen in der Umgebung und im Zusammenleben mit dem Menschen, sei es ein Umzug oder Umbau, menschlicher oder tierischer Familienzuwachs, eine Scheidung oder ein Todesfall in der Familie, aber auch veränderte Arbeitszeiten der Bezugsperson können für unerwünschte Missgeschicke in der Wohnung verantwortlich sein. Aber auch das Toilettenmodell, seine Größe, stark verschmutzte Toiletten, der Geruch von scharfen Putzmitteln, die Einstreu und ein schlecht gewählter Standort können dazu führen, dass die Katze die Katzentoilette nicht benutzt.

Lösungen Freilaufende Katzen setzen Urin und Kot nicht an derselben Stelle ab. Es wird ein Abstand von bis zu zwanzig Metern eingehalten. Das bedeutet, dass eine reine Wohnungskatze zwei Katzentoiletten benötigt, um ihren Bedürfnissen entsprechend gehalten zu werden. Für mehr als eine Katze gilt die Regel, dass für jedes weitere Tier eine weitere Toilette aufgestellt werden sollte.

Die Katzentoilette hat einen hohen sozialen Stellenwert: Katzen möchten ungestört sein, daher sollte die Toilette nicht an besonders „belebten" Plätzen oder Stellen mit „Durchgangsverkehr" aufgestellt werden. Ebenso sollten die Katzentoiletten nicht neben dem Futter-, Trink- oder Schlafplatz positioniert werden.

▶ **Markieren**
Situation Unter Markieren oder Harnspritzen versteht man in der Regel das Anbringen von Harnmarken auf wenigen, meist vertikalen Objekten, auch auf persönlichen Gegenständen des Halters oder neuen Gegenständen. Sowohl potente als auch kastrierte Kater, aber auch Weibchen markieren. Das Harnspritzen wird vorwiegend mit erhobenem Schwanz und stark zitternder Schwanzspitze vollzogen, kastrierte Tiere hocken meist, wie beim Urinieren. Im Gegensatz zur Unsauberkeit wird die Katzentoilette weiterhin von den Tieren benutzt.

Nicht alle Plätze in der Wohnung eignen sich zum Aufstellen der Katzentoilette.

Beziehungskrisen

Das Knabbern an Pflanzen kann für die Katze gefährlich sein.

Ursachen Bei diesem Verhalten handelt es sich um eine natürliche Verhaltensweise. Gerade ängstliche oder unsichere Tiere beiderlei Geschlechts markieren, wenn sie Harnmarken einer anderen oder neuen Katze in der Nachbarschaft riechen oder Rangordnungsschwierigkeiten bestehen. Unkastrierte Kater beginnen oft beim Erreichen der Geschlechtsreife und während der Paarungszeit, ihr Revier zu markieren. Des Weiteren können Veränderungen und Probleme in der Mensch-Tier-Beziehung, aber auch die Katzentoilette Auslöser für das Markieren sein.

> **TIPP**
>
> *Keine ammoniakhaltigen Putzmittel*
> *Entfernen Sie Harnflecken auf Teppichen oder Polstermöbeln nie mit ammoniakhaltigen Putzmitteln! Aufgrund der chemischen Ähnlichkeit des Ammoniaks mit Urin würde das die Katze zu weiteren Harnmarkierungen veranlassen.*

Lösungen Oft hilft eine Kastration, aber nicht immer; auch kastrierte Kater und Weibchen können Harn spritzen. Lesen Sie auch im Kapitel „Unsauberkeit" Seite 116/117 nach.

Stoffsaugen

Situation Das Fressen von Stoff oder das Saugen an Wollkleidung wird auch als „Pica" bezeichnet und zählt zu den Störungen im Fressverhalten. Bevorzugt werden bereits vom Halter getragene, verschwitzte Kleidungsstücke.

Ursachen Vorwiegend tritt diese Verhaltensweise bei Katzen, die ein übertriebenes Anlehnungsbedürfnis haben, auf. Bei Siam und Burmakatzen wurde dieses Verhalten häufiger beobachtet. Genetische Faktoren, eine zu frühe Trennung von der Mutter, umgekehrtes Jagd- und Beutefangverhalten aber auch durch Stress ausgelöste Stereotypien können dafür verantwortlich sein.

Lösungen Ein katzengerechtes Umfeld und spielerische Aktivitäten können Abhilfe schaffen. Sie können auch das bevorzugte Kleidungsstück mit einer unangenehm schmeckenden, aber ungiftigen Substanz, wie z.B. Pfeffer, präparieren. Oder Sie legen es einfach außer Reichweite.

Pflanzenknabbern

Situation Die Katze knabbert an Pflanzen. Das Fressen von Zimmerpflanzen kann für die Hauskatze jedoch absolut lebensbedrohend sein, da sehr viele Gewächse giftig sind.

Probleme erkennen und lösen **119**

Ursachen Bei wild lebenden Katzen wurde beobachtet, dass sie regelmäßig Gras fressen. Man nimmt an, dass das Gras das Hervorwürgen von Haarballen und anderen unverdaulichen Nahrungsbestandteilen erleichtert.

Lösungen Bieten Sie Ihrer Katze Katzen- oder Zyperngras an. Eine klare räumliche Trennung des für die Katze bestimmten Grases und der giftigen Zimmerpflanzen ist unbedingt erforderlich. Knabbert die Katze an dem für sie bestimmten Gras, sollten Sie das Tier ausgiebig loben. Erwischen Sie die Katze doch einmal an einer verbotenen Pflanze, so ist ein scharfes „Nein" angesagt. Ihre Reaktion muss in dem Moment erfolgen, in dem die Katze an den Pflanzen knabbert, damit sie einen Bezug zu ihrer Tat herstellen kann. Vergreift sie sich häufiger an der falschen Pflanze, hilft ein sanfter Wasserstrahl aus der Blumenspritze.

▶ **Krallenschärfen**
Situation Die Katze wetzt ihre Krallen am Sofa, an Möbeln oder Schränken, aber auch an Teppichen.

Ursachen Das Kratzen ist für eine Katze ganz natürlich und erfüllt drei Aufgaben: Die alten, lockeren Außenschichten der Krallen werden abgezogen und legen die nachgewachsenen Krallen frei, das Revier wird durch Kratz- und Duftmarkierung gekennzeichnet und damit wird den anderen Katzen gezeigt, wer der Chef im Hause ist. Fehlen geeignete Kratzmöglichkeiten in der Wohnung, kann das Sofa zum bevorzugten Kratzobjekt werden.

Lösungen Geeignete Kratzmöglichkeiten, wie ein Kratzbaum oder ein Kratzbrett, werden dankbar von der Katze angenommen. Kratzt sie an ihnen, sollten Sie die Katze loben, schärft sie ihre Krallen am Sofa, wird sie mit einem lauten „Nein" gerügt.

Spiel, Spaß und Krallenpflege – alles in einem.

Zum Geleit

Die Hauskatze hat eine bewegte Geschichte hinter sich, die etwa 3000 Jahre vor unserer Zeitrechnung in Ägypten begann. Bis etwa 1600 v. Chr. war das Vorkommen auf Ägypten beschränkt. Über Kreta kam sie nach Süditalien und damit in das Römische Reich. Mit der Ausbreitung des Römischen Reiches gelangte sie 400 n. Chr. bis nach England. Um 1000 n. Chr. war die Katze in ganz Europa verbreitet. Infolge der Christianisierung und der damit verbundenen Ketzer- und Hexenprozesse sank ihr hohes Ansehen drastisch ab: Sie wurde als Attribut des Teufels gesehen. Erst in neuerer Zeit ist sie wieder zum beliebten, geschätzten Heimtier geworden. Derzeit beträgt das Verhältnis von Hunden zu Katzen etwa eins zu drei.

Die Lebensbedingungen der Katzen sind sehr unterschiedlich: Da ist die „Bauernkatze", mit nahezu uneingeschränktem Freiraum, in dem das gesamte natürliche Verhaltensrepertoire ausgelebt werden kann, und im extremen Gegensatz dazu die „Stadtkatze", die zeitlebens in einer mehr oder weniger großen Wohnung ihr Leben verbringt, möglicherweise allein, ohne Artgenossen. In diesem Zusammenhang soll eine Beobachtung von Konrad Lorenz festgehalten werden: Er sah einen Star, bei dem die gesamte Bewegungsfolge des Fangens, Totschlagens und Schluckens kleiner Insekten ablief, obwohl gar keine Insekten vorhanden waren. Der Star hatte sein Beutefangverhalten längere Zeit nicht ausüben können, das jetzt im Leerlauf ablief, d.h. ohne erkennbare äußere Ursache. Lorenz schloss aus dieser und anderen Beobachtungen, dass sich die Triebenergie aufstaut, wenn eine Trieb- oder Instinkthandlung längere Zeit nicht ausgelöst wird, und sich dann durch eine Leerlaufhandlung entlädt. Diese Situation trifft auch auf die Stadtkatze zu: Sie kann nur einen kleinen Teil ihres Verhaltens ausleben, und daher ist es nicht verwunderlich, wenn bei solchen Katzen Leerlaufhandlungen auftreten oder Triebhandlungen an Ersatzobjekten ausgeführt werden. So erklärt sich, dass manche Katzen ein flatterndes Hosenbein oder einen Fuß als Ersatzobjekt für ein Beutetier nützen. Durch die reizarme Umgebung der Stadtkatze und die nicht ausgelebten Instinkthandlungen können sich Verhaltensstörungen entwickeln.

In dem vorliegenden Buch wird von der Autorin Denise Seidl mit großer Fachkenntnis das Normalverhalten der Katze unter besonderer Berücksichtigung des Signalverhaltens dargestellt. Gerade die Kenntnis des Ausdrucksverhaltens der Katze ist notwendig, um eine gute Katze-Mensch-Beziehung zu ermöglichen. In verständlicher Weise wird erklärt, wodurch Verhaltensstörungen zustande kommen können bzw. ausgelöst werden. Bei diesen Erklärungen geht die Autorin vom Normalverhalten aus und setzt die gegebenen Lebensbedingungen der Katze dazu in Beziehung. Aus dem Vergleich der idealen Lebensbedingungen mit den tatsächlich vorhandenen ergeben sich die Ursachen für das Auftreten der Verhaltensstörung und die Lösungsansätze zu deren Behebung. Es werden die häufigsten Verhaltensstörungen wie beispielsweise Stubenunreinheit und Aggressivität eingehend beschrieben und unter Bezug auf das Normalverhalten mögliche verhaltenstherapeutische Gegenmaßnahmen klar dargestellt. Die Autorin zeigt auch auf, dass man das bestehende Problem in vielen Fällen mit einfachen Mitteln beheben kann: Oft genügt eine Verbesserung des Umfeldes der Katze, die in räumlichen Veränderungen und in Beschäftigung mit dem Tier bestehen kann, kurzum in einer Verbesserung der Lebensqualität der Katze.

Das Buch ist ein wesentlicher tierschutzrelevanter Beitrag, das Verständnis des Katzenverhaltens und damit auch die Lebenssituation der Katze zu verbessern.

Prof. Dr. med. vet. Hermann Bubna-Littitz
Veterinärmedizinische Universität Wien

Machen Sie sich

katzenfit!

Um mit Miez und Co. harmonisch zusammenzuleben, brauchen Sie – neben der selbstverständlichen Grundausstattung – eines: ausreichendes Wissen über das natürliche Verhalten der Katze, ihre Bedürfnisse bei Freilauf- oder Wohnungshaltung und geeignete Spiel- und Beschäftigungsideen. Das beugt Verhaltensproblemen von Anfang an vor.

Wir *wollen* eine Katze!

In deutschen Haushalten leben etwa 8,3 Mio. Katzen, in österreichischen Haushalten sind es etwa 1,7 Mio. und in der Schweiz 1,4 Mio. Sie bereichern unser Leben, reduzieren unseren Stress und lassen uns die Alltagssorgen vergessen. Und was tun wir für unsere Katzen? Wir haben die Verpflichtung, unseren Katzen ein Leben zu ermöglichen, das ihren natürlichen Bedürfnissen entspricht. Deshalb sollte jeder vor der Anschaffung einer Katze überlegen, wie „katzenfit" er ist, um Enttäuschungen auf menschlicher und tierischer Ebene zu vermeiden. Sie sollten die Aufnahme einer Katze gut überdenken. Es gibt zu viele Katzen in Tierheimen, deren Besitzer sich ihrer Verantwortung entledigt haben. Erstellen Sie eine Liste mit den Erwartungen, die Sie an Ihren zukünftigen Gefährten haben! Wenn Sie wissen, was Sie von einer Katze erwarten, kann das Tier gefunden werden, das optimal zu Ihnen passt. Frustrationen für Mensch und Katze können somit vermieden werden.

Auswahlkriterien

▶ **Soll es eine Rassekatze sein?** Je nach Rassestandard werden den Tieren entsprechendes Aussehen

Machen Sie sich katzenfit!

Die Persönlichkeit der Katze hat den Menschen schon immer in ihren Bann gezogen.

und verschiedene Wesenszüge zugeschrieben. Die Siamkatze zum Beispiel gilt als Athlet unter den Katzen. Extrovertiert, lebhaft und gesprächig, sucht sie die Gesellschaft ihres Menschen.
Die Perserkatze wird oftmals als majestätische Schönheit beschrieben, friedfertig, ruhig und verträglich gegenüber Artgenossen.
Die Maine Coon ist der sanfte Riese unter den Katzen, ist sie doch die größte und schwerste Katzenrasse. Sie gilt als dominant, jedoch nicht als aggressiv und ist ein exzellenter Jäger.
In ihrer unaufdringlichen Art schließt sich die British Shorthair ihrer Bezugsperson an, als ruhiger, ausgeglichener Gefährte.

▶ **Oder eine Hauskatze?** Die Anzahl der Stubentiger ohne Stammbaum ist ungezählt. Sie machen vermutlich den größten Teil aller Katzen aus. Charakterlich kann in ihnen alles stecken – von der Samtpfote bis zur Kratzbürste –, eine Vorhersage ist hier schwierig. Aber gerade darin liegt für viele Katzenfans ihr Reiz.

▶ **Jede ist einzigartig** Bedenken Sie, dass die Charaktereigenschaften, die den verschiedenen Katzenrassen zugeordnet werden, nur eine grobe Beschreibung sind. Jede Katze ist ein einzigartiges Individuum, das seine Persönlichkeit und somit auch seine Wesenszüge ständig weiterentwickelt. Die Individualität einer Katze wird also nicht nur durch Rasse oder Herkunft beeinflusst, sondern auch von vielen Faktoren wie Erfahrungen, Lernprozessen, Vorlieben und umweltbedingten Einflüssen – und das ein ganzes Katzenleben lang.

▶ **Was sonst noch zählt** Haben Sie unter den vielen Katzenrassen die Katze gefunden, die Sie mit ihren Wesenseigenschaften anspricht, können Sie nach weiteren Auswahlkriterien wie Alter oder Geschlecht vorgehen. Sie können aber auch eine Katze auswählen, die Ihrem Temperament entspricht, oder

CHECK

Sind Sie katzenfit?

	Ja	Nein
Sind Sie die Hauptbezugsperson für die Katze?	☐	☐
Haben Sie die nötige Kenntnis über artgerechte Katzenhaltung und Ernährung? Lesen Sie Bücher und fragen Sie Experten um Rat!	☐	☐
Lässt Ihr Beruf genügend Zeit für die Betreuung einer Katze?	☐	☐
Sind Sie bereit, Ihren Tagesablauf auf die Katze abzustimmen? Auch Katzen brauchen Gesellschaft und Beschäftigung.	☐	☐
Kann jemand aus der Familie Ihre Katze betreuen, wenn Sie krank oder auf Reisen sind?	☐	☐
Sind alle, die mit der Katze im selben Haushalt leben werden, mit dem neuen Familienmitglied einverstanden? Auch tierische Mitbewohner müssen sich an die Katze gewöhnen.	☐	☐
Werden Katzenhaare toleriert? Denken Sie an mögliche Allergien!	☐	☐
Haben Sie die finanziellen Belastungen bedacht, die eine Katze mit sich bringt? Ausgaben für Futter und Katzenstreu, Tierarztkosten, Versicherungsschutz, Spielzeug, Katzenzubehör und Absicherung von Fenstern etc. gehören auch dazu.	☐	☐
Sind Ihre Wohnverhältnisse für die Haltung einer Katze geeignet?	☐	☐
Ist die Katzenhaltung in der Wohnung vom Vermieter gestattet?	☐	☐

Je mehr Ja-Kästchen Sie ankreuzen konnten, desto katzentauglicher sind Sie schon. Wenn Sie Ihrer zukünftigen Katze mit Wissen und Respekt gegenübertreten, wird sie es Ihnen in einer harmonischen Mensch-Tier-Beziehung danken!

Sie suchen Ihren Gegenpol! Wenn Sie ein eher schüchterner, zurückhaltender Mensch sind, kann eine selbstbewusste, aktive Katze Sie vielleicht aus der Reserve locken. Wenn Sie schon etwas älter sind, dann leben Sie eventuell lieber mit einem Vertreter einer ruhigeren Katzenrasse oder mit einem älteren Tier zusammen. Ältere Tiere sind nicht mehr so aktiv wie junge Kätzchen und Sie müssen sie wahrscheinlich auch nicht mehr von diversen Erkundungstouren von Schränken und Regalen herunterfischen.

Zwischen Mensch und Tier kann eine enge Bindung und vertrauensvolle Beziehung entstehen.

Indoor-Cats

Der Großteil unserer Katzen lebt in den vier Wänden des Menschen, ohne je die grenzenlose Freiheit ihrer wild lebenden Artgenossen erfahren zu können. Das mag „Verzicht" bedeuten, aber die Freiheit birgt auch viele Gefahren für frei lebende Katzen. Wie viele Katzen fallen dem Straßenverkehr oder auch Jägern zum Opfer? Wie viele Katzen erkranken an Seuchen? Wohnungskatzen hingegen verbringen ihr Leben wohlbehütet in menschlicher Obhut, sind vor Feinden geschützt und müssen keinen Hunger leiden. Mit dem heutigen Wissensstand über die Katze und der optimalen Ernährung hat sich die durchschnittliche Lebenserwartung von Wohnungskatzen in den letzten Jahren auf über 15 Jahre erhöht. Weil wir unseren Katzen Schutz vor allen möglichen Gefahren und damit ein längeres Leben bieten, ist es umso wichtiger, ihnen ein artgerechtes Leben im menschlichen Haushalt zu ermöglichen.

Qualität siegt über Quantität
Es gibt keine ausreichenden wissenschaftlichen Studien über die räumlichen Minimalansprüche einer Katze. Jedoch führt die Tatsache, dass Verhaltensprobleme vorwiegend bei Katzen in Woh-

nungshaltung auftreten, zu dem Schluss, dass eine Herabsetzung der Raumqualität oder -quantität zu körperlichen oder seelischen Störungen führt. Bei den Haltungsbedingungen einer Wohnungskatze müssen drei maßgebliche Faktoren berücksichtigt werden:
- Quantität,
- Qualität,
- inner- und zwischenartliches Sozialsystem.

Schauen wir uns diese drei Punkte einmal näher an.

▶ **Quantität** Als unterste Raumgrenze bei Katzen in reiner Wohnungshaltung gilt eine Zweizimmerwohnung. Eine spätere Reviervergrößerung spielt für die Katze keine große Rolle. Sollten Sie jedoch das gewohnte Revier für die Katze verkleinern müssen, eventuell durch einen Umzug in eine kleinere Wohnung oder durch ein Freilaufverbot, kann es zu Verhaltensproblemen kommen.

▶ **Qualität** Je kleiner die Wohnung ist, desto mehr muss auf artgerechte Lebensraumqualität für die Katze geachtet werden. Für viele Wohnungskatzen ist das größte Problem die Langeweile. Mangelnde Beschäftigung und fehlende optische Reize sind bei der Katze Hauptverursacher von Stress.

▶ **Sozialsystem** Katzen entscheiden gern selbst, ob, wann und zu wem sie sozialen Kontakt aufnehmen. Im menschlichen Haushalt ist das nicht mehr so leicht möglich. Da bestimmen wir das innerartliche Sozialsystem, also mit wem sie lebt. Wir suchen den oder die Artgenossen aus, mit denen sie ihr ganzes Leben verbringen wird, oft ohne zu berücksichtigen, ob alle beteiligten Katzen mit anderen Artgenossen klarkommen – also sozialisiert sind. Im zwischenartlichen Sozialsystem spielt die Harmonie in Ihrer Mensch-Tier-Beziehung eine große Rolle für ein glückliches Katzenleben. Wie sieht die Zusammensetzung Ihrer Familie aus? Haben Sie Kinder? Necken Ihre Kinder die Katze manchmal? Beschäftigen Sie sich mit Ihrer Katze? Gibt es regelmäßige Spiel- und Streichelzeiten?

Die wohltuende Wirkung des Tieres auf den Menschen ist wissenschaftlich eindeutig bewiesen. Stress wird von Entspannung abgelöst.

Katzen zeigen deutlich, ob sie sich wohl fühlen und ob die Lebensqualität stimmt.

Lebensqualität für Indoor-Cats

Die optimale Lebensraumgestaltung für Ihre Katze basiert auf drei ganz wichtigen Punkten:

1. Motivieren Sie Ihre Katze zur Bewegung und zur Kontrolle ihres Reviers, sodass die Katze die Wohnung zur Deckung ihrer Bedürfnisse durchstreifen muss! Genau das tun nämlich im Freien lebende Katzen auch. Die Infrastruktur (Futter- und Wassernapf, Katzentoiletten, Kratzbaum, Schlaf-und Rückzugsplätze) für die Katze sollte deshalb optimal in der Wohnung verteilt werden.
2. Katzen sind Raubtiere und können ihren Jagdtrieb in der Wohnung nur durch das Spielen ausleben. Berücksichtigen Sie dies.
3. Pflegen Sie die Beziehung zu Ihrer Katze. Zeigen Sie Verständnis für ihre natürlichen Verhaltensweisen. Tägliches Spielen, Streichelzeiten, aber auch das Bürsten Ihrer Katze vertiefen die Bindung zwischen Ihnen beiden. Was ebenso für die Lebensqualität bedeutsam ist, lesen Sie nachfolgend.

▶ **Der Fressplatz** Katzen möchten in Ruhe fressen können! Die Futterschüssel sollte an einem Ort stehen, an dem zu den Fütterungszeiten keine Hektik aufkommt. Dies sollte auch von Kindern respektiert werden. Wenn Sie einen Hund haben und dieser die Angewohnheit hat, sich am Katzenfutter gütlich zu tun, sollten Sie Hund und Katze getrennt füttern. Der ideale Futternapf ist stand- und rutschfest, lebensmittelecht sowie gut zu reinigen.

▶ **Die Wasserstelle** Ihre Katze trinkt über den Tag verteilt kleine Mengen Wasser – zehn- bis zwölfmal geht sie zum Trinknapf. Bieten Sie Ihrer Katze öfter frisches, sauberes Trinkwasser an. Der Wassernapf soll mindestens ein bis zwei Meter vom Futternapf entfernt stehen.

▶ **Ruhebereich und Aktivitätszone** Katzen lieben kuschelige, zuggeschützte Schlaf- und Ruheplätze.

Ihre Katze braucht deshalb einen Rückzugsplatz, der auch von allen anderen Mitbewohnern – ob Mensch oder Tier – respektiert wird. Katzen wollen aber auch „Action". Das Revier kann durch geeignete, sonnige Aussichtsplätze am Fenster visuell für die Katze vergrößert werden. Vergessen Sie nicht, Fenster und Balkon katzensicher zu machen, damit sie die Frischluft gefahrenfrei genießen kann. Geeignete Möglichkeiten zur Krallenpflege, wie Kratzbretter und Katzenbaum, sind ein Muss für das Wohlbefinden Ihrer Indoor-Katze.

▸ **Die Katzentoiletten** Diese wichtigen stillen Örtchen sollten nicht neben dem Fress- und Trinkplatz oder im Schlafbereich aufgestellt werden. Und sie sollten – wie der Name schon sagt – auch wirklich „still" sein. Die Katze darf hier nicht gestört werden. Toilettenmodelle, die Einstreu und auch die hygienischen Bedingungen (Säuberung der Toilette, Reinigungsmittel etc.) bestimmen, ob die Katze die Toiletten benutzen wird.

▸ **Spiel und Beschäftigung** Sorgen Sie dafür, dass Ihre Katze katzengerechtes, ungefährliches Spielzeug hat. Spielsachen, die das Jagdverhalten auslösen, wie zum Beispiel Angeln mit Mäuschen, sind optimal für das gemeinsame Spiel. Auch der zeitweilige Aufbau von „Erlebniswelten" aus Kartons, Papier etc. bringt willkommene Abwechslung in den Katzenalltag.

Wenn es auch einen menschlichen Spielpartner gibt, der das Spielzeug in Bewegung setzt, dann steht dem Katzenspaß nichts mehr im Weg.

Katzen, die überwiegend im Freien leben, streifen umher, klettern auf Bäume und erkunden ihr Revier.

Das **Beste** für Outdoor-Katzen

Katzen mit der Möglichkeit zum Freilauf haben andere Bedürfnisse betreffend Haltung und Ernährung als Katzen, die nur in der menschlichen Wohnung leben. Widerstandskraft ist gefragt, da Katzen mit Freilauf einem größeren Infektionsrisiko ausgesetzt sind. Durch viel mehr Bewegung – Patrouillengänge durch das Revier, Jagd (oft ohne Erfolg) und Auseinandersetzungen mit Artgenossen – hat die Freilaufkatze auch einen höheren Energiebedarf als die Wohnungskatze. Freilauf ist ganz schön anstrengend!

Das Revier der Katze Alle Katzen – egal ob Männchen oder Weibchen – mit viel oder wenig Möglichkeit zum Freilauf haben ihre Reviere, die aus einem Kernbereich und einem Streifgebiet bestehen. Die Größe des Kernbereichs und Streifgebiets ist abhängig von der Populationsdichte der Katzen und/oder der Beschaffenheit des Wohngebietes. Das Revier hat keine festen Grenzen und es überlappt mit den Revieren anderer Katzen. Da kann es schon mal sein, dass der Kater der Nachbarin vorbeimarschiert, wo er nicht darf, und es zu einer kleinen Auseinandersetzung kommt. In der Regel weichen sie jedoch einander aus.

Das Beste für Outdoor-Katzen **131**

Unersetzlich: Die Jagd Das spannendste am Freilauf ist die Jagd. Ihre Katze ist, wie jedes Raubtier, zur Jagd geboren! Der perfekte Körperbau und die Supersinne lassen sie beim Jagen zur Höchstform auflaufen. Trotzdem ist nur jeder 15. Jagdversuch erfolgreich! Und muss sich die Katze selbst ernähren, dann braucht sie acht bis zehn Mäuschen täglich, um satt zu werden. Das sind dann etwa hundert Jagdzüge pro Tag und das bedeutet sechs bis acht Stunden Arbeit. Natürlich füttern Sie Ihre freilaufende Katze mit einem energiereichen Futter. „Da muss sie also nicht so viel Zeit in die Jagd investieren", sagen Sie. Irrtum! Jagen und Fressen sind voneinander unabhängig. Auch eine satte Katze wird ihren Jagdtrieb befriedigen wollen und auf die Pirsch gehen. Die Konsequenz: Eine Freilaufkatze wird wahrscheinlich weniger Spielzeit von Ihnen fordern als eine Indoor-Katze. Aber spielen will Sie auf alle Fälle trotzdem mit Ihnen. Schließlich ist das Spiel eine soziale Handlung, die die Bindung zwischen Ihnen und Ihrer Katze festigt.

CHECK

Ist Ihre Katze fit für den Freilauf?

	Ja	Nein
Ist Ihre Katze durch ein Mikrochipimplantat registriert?	☐	☐
Oder trägt Ihre Katze ein katzengeeignetes Halsband mit Adresse?	☐	☐
Wird sie nach dem von Tierärzten empfohlenen Rhythmus gegen Katzeninfektionskrankheiten geimpft, auch gegen Tollwut?	☐	☐
Ist Ihre Katze kastriert?	☐	☐
Wird Ihre Katze regelmäßig entwurmt?	☐	☐
Haben Sie gegen Flöhe und Zecken vorgesorgt?	☐	☐

Ist Ihre Katze eine Outdoor-Katze, dann sollten Sie möglichst viele Fragen mit Ja beantwortet haben.

Was hat wohl die Aufmerksamkeit der Jägerin geweckt?

Indoor-Katzen: Über 30 % aller Katzen leben überwiegend im Haus. Ihr Revier ist die Wohnung ihres Menschen. Die Reviergröße umfasst zwischen 35 m² und 100 m².

Bei Outdoor-Katzen kann die Größe des Territoriums um das Heim bis zu 8000 m² betragen.

Vergleich von In- und Outdoor

Indoor-Katzen leben nur im Haus und haben einen anderen Tagesablauf als Outdoor-Katzen, die überwiegend im Freien leben. Sie unterscheiden sich nicht nur durch ihre Lebensweise und ihren Aktivitätsgrad, sondern haben auch andere Ernährungsbedürfnisse.

Vom Kätzchen zur Katze

Für unsere Begriffe verbringen Kätzchen nur eine kurze Zeit bei ihrer Mutter. Die Entwöhnung – die Umstellung von Milch auf feste Nahrung – beginnt mit ungefähr 4 bis 5 Wochen. Wenn die Milchbildung bei der Katzenmutter nachlässt, beginnt sie, die Jungkatzen mit fester Nahrung zu füttern. Es ist von Vorteil, dass die Katzenmutter während der Säugezeit dasselbe Futter erhält wie die Kätzchen nach der Entwöhnung. Zusätzlicher Stress, verursacht durch die Nahrungsumstellung, kann so vermieden werden. Je weiter das Stadium der Entwöhnung fortschreitet, umso mehr ergreifen die Jungen die Initiative zum Säugen, was die Mutter zu verhindern versucht. Mit ungefähr 5 bis 6 Wochen sind die Jungen auch in der Lage, ihre Ausscheidungen unter Kontrolle zu halten. Die Mutter muss den Kätzchen nun nicht mehr den Bauch lecken, um die Verdauung anzuregen. Die Entwöhnung ist mit ungefähr 7 Wochen abgeschlossen.

Ein Tag im Leben einer Indoor-Katze und einer Outdoor-Katze

	Indoor	Outdoor
Putzen	4–5 Std./ 20 %	2–3 Std./ 12 %
Fressen	< 1 Std./ 3 %	< 1 Std./ 3 %
Jagen		6–8 Std./ 25 %
Spielen	< 1 Std./ 2 %	
Schlafen	18 Std./ 75 %	12–14 Std./ 60 %

Sozialisation Die Natur hat es so eingerichtet, dass Tierkinder in den ersten Lebenswochen alles erlernen, was sie später im Leben benötigen. Die Länge dieses Lernabschnittes – der so genannten Prägungsphase – variiert. Sie ist abhängig von der motorischen und sensorischen Entwicklung des Tieres. Veränderte Umwelteinflüsse können Abweichungen bewirken. Bei der Katze wurde bis vor kurzem die Dauer dieser sensiblen Phase von der zweiten bis zur siebten Woche angenommen. Mittlerweile hat man herausgefunden, dass Prägungen ungefähr noch bis zur zehnten Lebenswoche stattfinden können. Nach dem Motto „Was Kätzchen nicht lernt, lernt Katze nimmermehr!" können Defizite, die während dieser sensiblen Phase entstehen, im Erwachsenenalter nur mit einigem Aufwand nachgeholt werden.

Wie aber sozialisiert man die kleine Katze? Je mehr das Kätzchen über seine Umwelt erfährt, desto sicherer wird es als erwachsene Katze durchs spätere Leben gehen. Wichtig ist der Kontakt zu Menschen (Erwachsenen

> **WICHTIG**
>
> **Nicht zu früh trennen**
> Junge Kätzchen sollten erst nach der abgeschlossenen Entwöhnung von der Mutter getrennt werden, das heißt mit frühestens acht Wochen. Das ideale Abgabealter ist mit 12 Wochen. Kätzchen, die zu früh von ihrer Mutter getrennt werden, können später unter körperlichen und seelischen Problemen leiden.

Eine gute Kinderstube ist Gold wert.

LINKS: *Ein intaktes Familienleben ist für 7 Wochen alte Kätzchen wichtig und beeinflusst ihre weitere Entwicklung positiv.*

RECHTS: *Wenn es der Bruder vormacht, lernt es sich leichter.*

und Kindern), Artgenossen und anderen Tieren, vor allem Hunden. Das kleine Kätzchen soll möglichst viele Erfahrungen mit allen möglichen Umweltreizen sammeln und verschiedenartigste Gerüche, Geräusche und optische Eindrücke kennen lernen.

▶ **Sonderfall Isolation** Leider passiert es immer wieder, dass ein Kätzchen ohne Mutter oder Geschwister groß werden muss oder von Menschen abgeschieden gehalten wird. Hier besteht die Gefahr, dass das Tier in einem reizarmen Umfeld aufwächst und dadurch dem späteren Leben nicht gewachsen sein wird. Es muss sichergestellt werden, dass das Tier das Zusammenleben mit anderen Katzen und auch mit dem Menschen lernt. Es soll vielfältige Umweltreize erfahren, um nicht zu einem depressiven oder überängstlichen Tier heranzuwachsen. Nur in solchen Ausnahmefällen sollten Sie ein Kätzchen schon früher bei sich aufnehmen.

Katzen sind gelehrig

Was heißt eigentlich lernen? Die Wissenschaft bezeichnet alle Vorgänge, die eine individuelle Anpassung des Verhaltens an die jeweiligen Umweltbedingungen bewirken, als lernen.

▶ **Lernen fürs Überleben** Auch bei Katzen gibt es bestimmte Dinge, die sie lernen müssen, weil dies das Überleben erfordert. Zu den absolut notwendigen Lernvorgängen zählen Prägungsprozesse und Lernvorgänge im Bereich der Feindvermeidung und der Nahrungsaufnahme. Eine kleine Katze muss also lernen, vor einem gefährlichen, überlegenen Gegner zu fliehen, wenn sie ihre Haut retten will. Das ist überlebensnotwendige Feindvermeidung.
Und sie wird ihrer Mutter abschauen, was sie bedenkenlos fressen kann. In den meisten Fällen wird die erwachsene Katze das Futter bevorzugen, das sie als Kätzchen gefressen hat. Auch das Trinken

Katzen sind gelehrig

aus Wasserschalen erlernen die kleinen Kätzchen von Ihrer Mutter. Freiwillige, also für das Überleben nicht zwingend erforderliche Lernvorgänge finden wir im Bereich des Spiel- und Neugierverhaltens sowie beim individuellen Kennen lernen von Artgenossen. Ob Ihre Katze freiwillig etwas dazulernen möchte oder nicht, ist abhängig von der Umwelt, die Sie ihr bieten, und auch von ihrem Lernvermögen. Wird erwünschtes Verhalten mittels Lob oder Leckerli bekräftigt, stellt sich auch bald der Lernerfolg ein.

TIPP

Abschauen erwünscht
Katzen lernen schneller, wenn Beobachter und Vorbild miteinander verwandt sind. Kleine Kätzchen beobachten den Gebrauch der Katzentoilette schon bei Mama Katze. Ungefähr in der fünften oder sechsten Lebenswoche sind die meisten Kätzchen stubenrein und benutzen die Katzentoiletten.

▶ **Lernen durch Nachahmung** Auf das Lernvermögen von jungen Katzen hat das Lernen durch Beobachtung und Nachahmung den größten Einfluss. Katzen sind in der Lage, das Verhalten eines Vorbilds beziehungsweise eines Artgenossen nachzuvollziehen und dabei indirekt Erfahrungen zu sammeln. Entsprechende Versuche haben bewiesen, dass eine Katze, die einer anderen Katze zusehen konnte, wie diese sich aus einem Transportkäfig durch das Betätigen eines Hebels befreien konnte, weniger Schwierigkeiten hatte, den richtigen Handlungsablauf zu vollziehen, wenn sie selbst in die Transportbox kam. Die erste Katze lernte durch Versuch und Irrtum, die zweite konnte durch Beobachtung von den Erfahrungen des Artgenossen profitieren.

Junge und erwachsene Katzen lernen in erster Linie durch das Beobachten.

Spielen – nur ein Zeitvertreib?

Katzen spielen gern – für viele einer der besten Gründe, eine Katze zu halten. Aber spielen kleine Kätzchen oder bereits erwachsene Katzen nur aus Spaß oder hat die Natur eine wichtige Funktion im Spiel integriert?

▸ **Spielen ist Üben** Im Spiel werden Verhaltensweisen oder auch nur Bruchstücke aus verschiedenen Verhaltensbereichen gezeigt und miteinander frei kombiniert. Kennzeichnend für das Spiel ist, dass es in entspannter Atmosphäre und spontan gezeigt wird, wenn gerade keine anderen Verhaltensweisen aktiviert sind. Im Gegensatz zum Verhalten im Ernstfall wird Spielverhalten vielfach sehr übertrieben gezeigt, wie Sie sicherlich schon beim Spiel kleiner Katzen oder Hunde beobachten konnten. Man erkennt die Spielbereitschaft eines Tieres an seiner Körpersprache und Mimik. Schließlich sollen spielerische Angriffe nicht als aggressive Attacken missverstanden werden und ernsthafte Konsequenzen nach sich ziehen.

Jedes Spiel bedeutet für die Tiere einen erhöhten Energieaufwand. Für spielende Wildtiere besteht in freier Natur immer ein erhöhtes Risiko: Sie laufen Gefahr, sich beim Spiel zu verletzen, ermüden durch den hohen Energieverbrauch schneller und können von eventuellen Feinden als mögliche Beute entdeckt werden. Spielen muss also eine enorme Bedeutung für die Tiere haben, wenn Mutter Natur sie solchen Risiken aussetzt. Im Spiel sammeln sie ihre Erfahrungen und bekommen die Möglichkeit, soziale Bindungen zu knüpfen. Spielverhalten bedingt Lernvermögen und ist in der Regel auf Jungtiere höher entwickelter Säugetiere und Vögel begrenzt. Unsere Katzen, die ihrer Umwelt besonders offen gegenüberstehen – sowie

LINKS: *Die 3 Monate alte Maine Coon sprintet bereits wie ein Profi.*

MITTE: *Anschleichen, Ducken, das Ziel fixieren: Im Spiel üben die Kätzchen bereits Elemente des Jagdverhaltens.*

andere Raubtiere, Primaten, Nager, Delfine oder Wale –, spielen nicht nur im Kindesalter, sondern behalten Spielverhalten wie auch Neugier bis zu einem gewissen Ausmaß auch im Erwachsenenalter bei.

Kleine Kätzchen spielen ... Sie balgen sich, toben herum und verfolgen einander, schlagen Haken wie Hasen und bäumen sich auf, um dann auf den Spielpartner zu springen. So stellt sich das Spiel kleiner Kätzchen dar. Sie erlernen im Spiel nicht nur Grundlegendes für die zukünftige Jagd auf Beute, sondern sie festigen auch ihre sozialen Bindungen. Die ersten sozialen Spiele finden ab der vierten Lebenswoche statt und nehmen nach der zwölften bis vierzehnten Woche wieder ab. Das Spielen mit Gegenständen beginnt, wenn die Kätzchen die Bewegungsabläufe koordinieren und kleine bewegliche Objekte erhaschen können.

> **INFO**
>
> *Warum spielen Katzen?*
>
> *Spielen hat eine enorme Bedeutung sowohl für das heranwachsende als auch das erwachsene Tier. Es besteht ein direkter Zusammenhang zwischen dem Spiel, dem Wachstum und der Entwicklung.*
>
> *Das Spiel dient dem Üben und Vervollkommnen körperlicher Fertigkeiten.*
>
> *Es verbessert das Wahrnehmungs- und Reaktionsvermögen und bewirkt eine Steigerung der Flexibilität des Verhaltensrepertoires.*
>
> *Es hat Einfluss auf die Sozialisation, da es soziale Bindungen fördert.*
>
> *Das Spiel trägt zur Aggressionsminderung und zur Kontrolle der eigenen Aggression bei.*

Auch wenn es diesmal scheint, als ob das Kätzchen das Objekt der Begierde nicht erhascht hat, so wird es als erwachsene Katze ein exzellenter Jäger sein.

Achten Sie beim Spielen mit Gegenständen auf das Verletzungsrisiko.

Soziale Kampfspiele mit ernsthaftem Charakter beginnen im dritten Lebensmonat. So wie Hunde lernen auch Katzen im Spiel, ihre eigene Aggression zu kontrollieren. Kleine Kätzchen lernen im Spiel mit anderen, wie stark sie zubeißen dürfen – nämlich bis ihr „Opfer" eine Reaktion zeigt und es einen Pfotenhieb vom Geschwisterchen setzt.

> **TIPP**
>
> **Bisse vermeiden**
> *Beißt Ihre Katze Sie im Spiel, reagieren Sie sofort mit einem lauten „Au" und unterbrechen Sie das Spiel. So lernt die Katze, dass das Beißen unerwünscht ist. Hat sich Ihre Katze in die Hand verbissen oder ihre Krallen eingesetzt, schieben Sie ihr die Hand leicht entgegen und versuchen dann, die Hand zu befreien. Ein ruckartiges Zurückziehen verursacht in der Regel schlimmere Verletzungen.*

… große Katzen auch Katzen im Erwachsenenalter spielen fast genauso gern wie junge Kätzchen. Vor allem Katzen, die keine Gelegenheit zum Freilauf bekommen, müssen ihr Jagdverhalten im Spiel ausleben.

Katzen haben verschiedene Arten zu spielen. Spielt die Katze allein, so spricht man von Solitärspielen. Das Spiel mit Gegenständen wird als Objektspiel bezeichnet. Um Sozialspiele handelt es sich, wenn mit Artgenossen oder mit den Menschen gespielt wird.

Am liebsten spielen die meisten Katzen Spiele mit „Action". Rollende Bälle, durch die Luft fliegende Fellmäuse und Katzenangeln: alles, was sich bewegt, ist interessant, vor allem, wenn der Mensch diese Bewegung des Spielzeugs verursacht.

INFO

Richtig spielen mit Katzen

> **Legen Sie Ruhepausen ein!**
> Sie dürfen Ihren Spielpartner nicht überfordern. Junge Tiere können sich noch nicht so lange auf Übungen konzentrieren. Auch bei erwachsenen Tieren muss auf die körperliche Konstitution und Konzentrationsfähigkeit geachtet werden.

> **Spielen Sie nicht zu wild!**
> Zu heftige Spielweisen beziehungsweise aggressive Mitspieler verursachen Stress und belasten junge und ängstliche Katzen.

> **Sie bestimmen Beginn und Ende der Spielzeit!**
> Beenden Sie das Spiel rechtzeitig, bevor die Katze die Lust verliert. Das Spiel sollte mit einem Erfolgserlebnis für die Katze beendet werden. Lassen Sie sie also das Mäuschen erwischen, bevor Sie das Spiel beenden.

> **Belohnen Sie bei jedem Erfolg!**
> Als Belohnung eignen sich überschwängliches Lob und Trockenfutterkroketten, die in die Berechnung der Tagesration einbezogen werden sollten.

> **Schimpfen Sie nie!**
> Sollte das Tier die spielerischen Aufgaben nicht sofort bewältigen können, darf niemals mit ihm geschimpft werden.

> **Kein Spiel unmittelbar nach der Fütterung!**
> Auch die Verdauung benötigt ihre Zeit.

> **Verwenden Sie katzengerechtes Spielzeug!**
> Stellen Sie katzengeeignetes, ungefährliches Spielzeug zur Verfügung, vor allem, wenn die Katze auch allein und unbeaufsichtigt damit spielen darf.

> **Spielen Sie viel!**
> Die täglich empfohlene Spieldauer für die Katze beträgt insgesamt rund eine Stunde. Diese Spielzeit sollte über den ganzen Tag verteilt werden.

Spieltherapie

Bei unerwünschtem Verhalten und Verhaltensproblemen können über das Spielverhalten – durch das Erstellen einer „Spieltherapie" – die Grundregeln für das Zusammenleben von Tier und Mensch zum Positiven verändert und die Mensch-Tier-Beziehung gestärkt werden. Spielen ist Kommunikation, Sozialkontakt, Motivation, Lernen und Erziehung. Durch das Spiel wird das Bedürfnis Ihrer Katze nach körperlicher und geistiger Beschäftigung gestillt, aber auch die Beziehung zu den Artgenossen verbessert. Spieltherapien sollten vom Tierpsychologen individuell an das Tier angepasst werden. Wesen, Aktivitätsgrad, Spielvorlieben und Lebensumfeld müssen berücksichtigt werden.

Stressindikator Das Spiel Ihrer Katze dient Ihnen außerdem als Stressindikator. Tiere, die unter enormem Stress leiden, spielen weniger beziehungsweise hören ganz zu spielen auf. Das Spiel sollte eine spannungsfreie Situation darstellen. Spiel und Angst sind nicht miteinander vereinbar. Erwachsene Tiere setzen das Spiel als Strategie zum Austragen von Konflikten ein und bauen auf diese Weise gegenwärtigen Stress ab.

Auch ältere Katzen sind aufmerksame Spielgefährten.

Katzensenioren

Wenn Ihre Katze in die Jahre kommt, ändern sich ihre Bedürfnisse. So wie bei uns Menschen ist Alter nicht gleich Alter. Es kann sein, dass Ihr Stubentiger mit sieben Jahren – hier beginnt die erste Phase des Seniorenalters (2. Phase mit 12 Jahren) – noch durch die Wohnung rast, während sein gleichaltriger Kollege lieber auf der Fensterbank liegt. Katzen werden heutzutage viel älter als vor einem Jahrzehnt und der Anteil der Katzen über 15 Jahren steigt an. Wichtig ist, dass Sie das Alter nicht als Krankheit ansehen, sondern als neuen Lebensabschnitt, der Sie und Ihre Katze mit neuen Bedürfnissen erwartet.

INFO

> Schaffen Sie Ihrer Katze kuschelige Erholungsplätze. Ältere Katzen haben ein erhöhtes Ruhe- und Schlafbedürfnis.

> Sorgen Sie für einen seniorengerechten Aufstieg auf das Fenster und den Kratzbaum. Ältere Katzen können oft nicht mehr so gut springen und klettern.

> Verändern Sie den Tagesablauf einer älteren Katze nicht mehr. Rituale nehmen im Leben einer alten Katze eine große Bedeutung ein. Veränderungen können für Ihre Katze zum Problem werden.

> Danken Sie Ihrer Katze für das lange Zusammenleben mit viel Aufmerksamkeit und Zuneigung.

> Spielen Sie seniorengerechte Spiele. Auch alte Katzen möchten ihren Jagdtrieb im Spiel ausleben. Das Spiel wird eben nicht mehr so ausgelassen sein wie bei jungen Kätzchen, aber Ihre Katze wird daran Spaß haben und Ihnen die zusätzliche Zuwendung liebevoll danken.

> Nehmen Sie keine Veränderungen in der Wohnung vor. Auch Katzen hören und sehen mit zunehmendem Alter oft schlechter. Ihre Katze kann sich nur dann zurechtfinden, wenn Futter- und Wassernapf, Katzentoiletten und Schlafhöhle an den gewohnten Plätzen stehen.

> Stimmen Sie die Ernährung auf die ältere Katze ab. Ältere Katzen sind oft schlechte Fresser und haben auch veränderte Ernährungsbedürfnisse. Mit einer speziell auf den Bedarf von Seniorkatzen abgestimmten Ernährung helfen Sie Ihrer Katze im Alter fit zu sein. Bei Erkrankungen gibt es entsprechende Diätnahrungen bei Ihrem Tierarzt.

> Regelmäßige Vorsorgeuntersuchungen und tierärztliche Betreuung bei Erkrankungen sind ein Muss.

INFO

Katzenknigge für Kinder

> Katzen sind kein lebendes Spielzeug! Katzen sind lärmempfindlich und haben vor krachenden Spielzeugpistolen oder lauter Musik Angst.

> Streicheln will gelernt sein: immer vom Kopf zum Schwanz, mit der Wuchsrichtung des Fells. Und nur so lange, wie sich die Katze nicht dagegen wehrt.

> Absolut verboten: Ziehen am Schwanz oder am Fell. Das tut der Katze weh und sie wird sich mit Krallen und Zähnen wehren.

> Katzen dürfen nicht aufgeweckt werden, wenn sie schlafen.

> Katzen müssen in Ruhe fressen und trinken können.

> Wenn die Katze die Toilette benutzt, darf sie nicht gestört werden.

> Katzen mögen keine groben Spiele.

> Kleine Spielzeugteile, Murmeln oder Ähnliches können von der Katze verschluckt werden, was lebensbedrohend werden kann. Kleinkram deshalb immer katzensicher aufräumen.

WICHTIG

*Die Entscheidung für ein Tier sollte sorgfältig bedacht werden (keine Spontankäufe)!
Die Hauptverantwortung für das Tier liegt immer bei den Eltern.*

Katzen und Kinder

Ganz wichtig im erwähnten zwischenartlichen Sozialsystem der Katze ist die Frage: „Haben Sie Kinder?" Denn je nach Alter bringen Kinder noch nicht genug Verständnis für die Bedürfnisse einer Katze auf – das Zusammenleben kann schwierig werden.

Die Eltern sind gefragt Kinder lieben kleine Kätzchen, und die Beziehung zu einem Tier kann das Heranwachsen und die Entwicklung Ihres Kindes positiv beeinflussen. Kinder lernen auch schnell, die Körpersprache der Katze zu verstehen und auf ihre Bedürfnisse einzugehen. Voraussetzung dafür ist jedoch, dass ihnen der Umgang mit der Katze von den Eltern eingehend erklärt wird. Katzen sind sensible Tiere, die sich manchmal durch das Verhalten von Kindern bedroht fühlen.

Die Zweitkatze

Für Sie stellt sich die Frage, ob Katze und, wenn ja, welche, schon längst nicht mehr. Vielmehr steht fest: Eine zweite muss her! Gratulation, wenn Sie sich entschlossen haben, eine zweite als Gesellschaft für Ihren Stubentiger aufzunehmen! Es geht nichts über einen Artgenossen, vor allem wenn Frauchen oder Herrchen den ganzen Tag arbeiten muss. Zwei Katzen können sich die Langeweile vertreiben und sich gegenseitig motivieren. Doch das soziale Verhalten beider Katzen muss berücksichtigt werden.

Toleranz ist ausschlaggebend
Voraussetzung für die Anschaffung einer zweiten Katze ist, dass beide Tiere dem sozialen Typ entsprechen, das heißt, beide Katzen sollten an Artgenossen gewöhnt sein. Viele erwachsene Katzen akzeptieren ein Kätzchen problemloser, da sie sich nicht in der Rangordnung bedroht fühlen. Wählen Sie eine Katze aus, die dem Einzelgängertyp entspricht, kann es zu gröberen Auseinandersetzungen kommen. Im schlimmsten Fall werden sich die beiden Katzen nie akzeptieren – egal wie aufgeschlossen gegenüber Artgenossen die eine Katze ist.

LINKS: *Die Katze liebt es, behutsam gestreichelt zu werden. Eine harmonische Kind-Katze-Beziehung funktioniert nur, wenn das Kind gelernt hat, mit der Katze umzugehen.*

Zu zweit lässt es sich besser neugierig sein und Spaß haben.

Nr. 1 bleibt Nr. 1 Der Katze, die bereits im Haushalt lebt, sollten Sie erhöhte Aufmerksamkeit widmen. Sie war die erste, die im „Revier" war, und steht daher in der Rangordnung höher als der Neuankömmling. Kümmern Sie sich plötzlich verstärkt um die neue Katze, wird sich Nummer eins zurückgesetzt fühlen. Eine entsprechende Reaktion in Form von aggressiven Auseinandersetzungen, Unsauberkeit oder auch Harnmarkieren bleibt dann selten aus. Bemühen Sie sich intensiver um die erste Katze, so wird sie in der zweiten keine Bedrohung sehen und ist eher bereit, sie zu akzeptieren.

Schön sachte! Sorgen Sie bei der ersten Begegnung der beiden Katzen für genügend Rückzugsmöglichkeiten und stellen Sie jedem Tier seine eigene Infrastruktur (Futter- und Wassernapf, Schlafplatz) zur Verfügung. Erzwingen Sie keinen Kontakt zwischen den beiden Katzen. Wenn Sie die neue Katze abholen, reiben Sie sie mit der Lieblingsdecke Ihrer ersten Katze ab. So hat der Neuankömmling bereits einen vertrauten Geruch und wird eher akzeptiert.

Kennen lernen braucht Zeit Auch wenn die erste Begegnung der beiden Stubentiger mit ängstlichem Fauchen und Rückzug endet, verlieren Sie nicht den Mut. Die beiden Tiere benötigen Zeit, um sich aneinander zu gewöhnen. Ausreichen-

Junge Kätzchen werden meistens schneller von einer erwachsenen Katze akzeptiert.

de Rückzugsmöglichkeiten bieten Sicherheit und unterstützen die Tiere dabei, einander friedlich aus dem Weg gehen zu können. Zwingen Sie den Katzen den Kontakt zum Artgenossen nicht auf, beginnen Sie aber, die beiden im selben Raum zu füttern. Stellen Sie zwei Futterschüsseln in einiger Entfernung voneinander auf. Wenn die Katzen sich einander ohne Angst und Aggression nähern, um zu fressen, werden die Futterschüsseln beim nächsten Mal etwas näher gerückt. Faucht eine der Katzen, werden die Futterschüsseln wieder auf die ursprüngliche Entfernung gebracht. Nach einiger Zeit wird es möglich sein, beide Katzen nebeneinander zu füttern – ohne Anzeichen von Furcht oder Aggression. Ebenso sollten Sie versuchen, beide Katzen zum gemeinsamen Spielen zu animieren.

WICHTIG

Raushalten
Halten Sie sich bei den üblichen Konfrontationen der Katzen zurück! Wenn Sie Partei ergreifen oder gar eine der Katzen bestrafen, dann wird die Strafe mit der Annäherung an den Artgenossen in Verbindung gebracht. Das wirkt sich immer negativ auf die Beziehung der beiden Tiere aus.

Wie Hund und Katz

Wenn Sie Ihr Leben mit Katze und Hund teilen wollen, ist es ganz wichtig, dass die Vierbeiner möglichst gut miteinander auskommen. Denn wie im Sprichwort muss das Zusammenleben von Hund und Katze wirklich nicht aussehen! Wenn Sie bei der ersten Begegnung behutsam vorgehen, steht einem harmonischen Zusammenleben nichts im Weg. Das erste Treffen zwischen Hund und Katze kann entscheidend sein und sollte immer in entspannter Atmosphäre stattfinden. Stress und Nervosität sind nicht nur für Sie hinderlich, sondern übertragen sich auch auf die Tiere.

Gemeinsames Dösen, gegenseitige Fellpflege ... Was gibt es Schöneres, als einen Partner zu haben?

Machen Sie sich katzenfit!

> **WICHTIG**
>
> **Missverständnisse**
> Differenzen zwischen Katze und Hund beruhen oftmals auf der unterschiedlichen Körpersprache der beiden Tierarten. Sie missverstehen sich! Zum Beispiel: Eine Katze, die sich beim Kampf auf den Rücken legt, hat damit alle vier Pfoten zur Verteidigung frei und ist zu allem bereit. Ein auf dem Rücken liegender Hund dagegen unterwirft sich mit dieser Geste seinem Gegner.

▸ **Erfahrungen in der Jugend** Haben Hund und Katze schon in der frühen Jugend positive Erfahrungen mit der jeweils anderen Art gemacht, werden sie einander umso aufgeschlossener begegnen. Daher ist es in der Regel am einfachsten und unproblematischsten, beide schon als Jungtiere aneinander zu gewöhnen. Bei erwachsenen Tieren, die in ihrer Jugend nicht ausreichend Kontakt miteinander hatten oder sogar schlechte Erfahrun- gen miteinander gemacht haben, kann es dagegen sehr schwierig werden. Charakterzüge und Temperament von Hund und Katze spielen natürlich auch eine gewisse Rolle.

▸ **Meine Katze – deine Katze** Haben Sie gewusst, dass Hunde sehr wohl zwischen der eigenen Katze, mit der sie in einem Haushalt leben, und einer fremden Katze, die man jagen „darf", unterscheiden können?

▸ **Die erste Begegnung** Damit bei der ersten Begegnung alles klappt, wählen Sie einen Raum mit viel Platz, sodass beide Tiere genügend Ausweichmöglichkeiten haben. Der Katze sollten entsprechende Rückzugsmöglichkeiten offen stehen, wenn sie sich vor dem Hund verstecken möchte. Von einem Kratzbaum, einem Kasten oder auch einem Regal kann sie den Hund leicht aus sicherer Entfernung von oben herab beobachten. Natürlich sollten die ersten Kontakte sicherheitshalber immer unter Ihrer Aufsicht stattfinden. Lassen Sie die

Wie Hund und Katz' sehen die beiden nicht aus, sondern wie Freunde, die schon von klein auf zusammen leben.

Wie Hund und Katz **147**

„Komm, spiel mit mir!", fordert der Hund die Katze auf. Doch diese scheint keine rechte Lust auf Hunde-Zerrspiele zu haben.

Tiere erst nach einer Eingewöhnungszeit miteinander allein, wenn Sie sicher sind, dass sie einander akzeptiert haben. Sollte es doch zu Auseinandersetzungen zwischen Hund und Katze kommen, greifen Sie nur dann ein, wenn für eines der beiden Tiere durch Bisse oder Kratzer Verletzungsgefahr besteht. Eifersucht vermeiden Sie am besten, wenn Sie den Neuankömmling gegenüber dem alteingesessenen Tier nicht bevorzugen.

▶ **Jedem das Seine!** Streitereien um Futter- und Wasserschüsseln, Schlafplätze oder die menschliche Zuneigung können Feindseligkeiten auslösen. Sorgen Sie daher von Anfang an dafür, dass Hund und Katze über ihre eigene Grundausstattung verfügen. Es kann sein, dass Sie für die Futterschüssel der Katze eine erhöhte Position suchen müssen, wenn der Hund sie als die seine betrachtet.

Manche Hunde fühlen sich auch von der Katzentoilette angezogen, lässt es sich doch herrlich in der Streu graben. Hier ist der Tierhalter gefragt, um die nötige Intimsphäre zu wahren.

TIPP

Nichts erzwingen
Eine Annäherung zwischen Tieren, sei es Hund und Katze oder auch Katze und Katze, darf niemals erzwungen werden. Das Annäherungstempo bestimmen immer die Tiere!

Verhalten

verstehen

Was macht meine Katze da? Und warum? Ihre Katze kann Ihnen darauf leider nicht antworten. Darum ist es ganz wichtig, das „normale" natürliche Verhalten und die Bedürfnisse Ihrer Katze zu kennen. Und schon verstehen Sie vieles und können Verhaltensproblemen erfolgreich vorbeugen.

Verhalten, was ist das?

Jeder spricht davon: natürliches Verhalten, normales Verhalten, erwünschtes oder unerwünschtes Verhalten, Verhaltensprobleme. Aber was ist das eigentlich: Verhalten? Schlagen wir im Wörterbuch der Verhaltensforschung von Karl Immelmann nach. Dort wird Verhalten so beschrieben: „In der Ethologie versteht man unter Verhalten in der Regel die Bewegungen, Lautäußerungen und Körperhaltungen eines Tieres sowie diejenigen äußerlich erkennbaren Veränderungen, die der Verständigung dienen und damit beim jeweiligen Partner ihrerseits Verhaltensweisen auslösen können." Das Verhalten eines Tieres wird als Anpassungsleistung an seine Umwelt gesehen.

Der Einfluss der Umwelt Seine gesamte Umgebung wirkt ständig auf ein Tier und damit auch auf sein Verhalten ein. Nicht nur Artgenossen, Feinde und Beute, sondern auch Klima und Ernährung haben Einfluss. Indoor-Katzen leben in einer geschützten Umgebung und sind vom Wechsel der Jahreszeiten weniger betroffen als ihre im Freien lebenden Artgenossen. Jeder Tag mit all seinen Ereignissen hinterlässt seine Eindrücke und spielt für die Zukunft eine mal mehr mal weniger wichtige Rolle.

„Wie lange wird es wohl dauern, bis mein Geschwisterchen reagiert?"

„Mit dem Katzenbuckel sehe ich doch richtig groß und zum Fürchten aus!"

„Wenn ich mich auf den Rücken lege, dann habe ich alle vier Pfoten zur Verteidigung frei."

Die Umwelt hinterlässt ihre Spuren …

▸ **Vererbung** Charaktereigenschaften der Eltern spielen sicher eine Rolle für das Verhalten einer Katze. Welches der jungen Kätzchen eines Wurfes aber ein gewisses Charaktermerkmal als Startgrundlage in das Leben erhält, ist schwer zu sagen. Auch steht nicht fest, in welcher Stärke dieses Merkmal von Mama Katze oder von Papa Kater vererbt wurde. Wissenschaftlich erwiesen ist, dass gewisse Charakterzüge von den Eltern auf die Nachkommen weitervererbt werden. So ist es auch möglich, gewissen Rassen bestimmte Wesenszüge zuzuschreiben. Siamkatzen werden als lebhaft, extrovertiert und anhänglich beschrieben, während Perser als friedfertige und verträgliche Zeitgenossen gelten.

▸ **Frühe Erfahrungen** Die Katzenmutter und die Wurfgeschwister üben einen großen Einfluss auf Ihre zukünftige Katze aus. Ist Ihre Katze in einer intakten Katzenfamilie aufgewachsen, so hat sie den Katzen-Knigge von Mama und den Geschwistern gelernt. Muss Ihre Katze von Menschenhand aufgezogen werden, dann sollten Sie vorsorgen, dass das Kätzchen alles lernt, was es später im Leben benötigt. Wie ein Kätzchen in seinem späteren Leben dem Menschen gegenübertreten wird, wird ebenfalls im Kindesalter bestimmt. Hatte die kleine Katze Kontakt zu Menschen und hat sie mit diesen gute Erfahrungen gemacht? Erfahrene Katzenzüchter legen viel Wert darauf, dass ihre Kätzchen in der zweiten bis siebten/zehnten Woche – in der Zeit der sensiblen Phase – auch Kontakt zu anderen Menschen, Kindern und Tieren haben. Diese Kätzchen entwickeln sich ihrer Umwelt gegenüber zu aufgeschlossenen Katzen. Katzen, die ohne Mutter und mit wenig menschlichem Kontakt aufgewachsen sind, werden sehr oft zu Einzelgängern, die dem Menschen scheu gegenübertreten und sich ungern streicheln lassen. Auch Kätzchen, die schlechte Erfahrungen gemacht haben, behalten Erlebtes im Gedächtnis.

▸ **Lernprozesse** Hat die Katze nach der sensiblen Phase schlechte Erfahrungen mit ihrer Umwelt gemacht, so hat ein Lernprozess stattgefunden, der das Tier sein Leben lang beeinflusst und durchaus eine Verhaltensänderung hervorrufen kann. Hatte die Katze zum Beispiel eine prägende Auseinandersetzung mit einem Hund, wird sie Hunden ihr ganzes Leben lang misstrauisch begegnen. Je

Die Umwelt hinterlässt Spuren 151

nach Stärke des traumatischen Erlebnisses wird sie – egal wie der Hund auf sie reagiert – nicht erst vorsichtig abwarten, sondern gleich die Flucht antreten oder gar in die Offensive gehen und versuchen, sich mit gezielten Krallenhieben auf die empfindliche Hundeschnauze zur Wehr zu setzen.

▶ **Rasse** Jeder Katzenrasse werden rassespezifische Charaktermerkmale zugeschrieben. Und auch Temperament und Aktivitätsgrad sind bis zu einem gewissen Maß von der Rasse und deren typischen Wesenszügen abhängig. Katzenzüchter schließen anhand des Erscheinungsbildes einer Rasse auf mögliche Agilität. Je gedrungener und langhaariger die Katze ist, desto eher wird sie als ausgeglichen und ruhig beschrieben. Hochbeinige, kurzhaarige Rassen werden als extrovertiert und sehr lebhaft bezeichnet.

Jetzt werden Sie wahrscheinlich fragen: „Und unsere Hauskatze?" Auch bei ihr wird ein gewisses Temperament von den Eltern vererbt. Und auch hier wirken Sie – absichtlich oder unabsichtlich – wieder auf Ihre Katze ein.

Wenn Sie Ihrer Katze ein katzengerechtes Umfeld bieten, in dem sie ihre Bedürfnisse ausleben kann, wird sie sich zu einem aktiveren Tier entwickeln als eine Katze, die ohne Artgenossen und ohne entsprechende menschliche Fürsorge gehalten wird.

Abessinier werden als gesellige, neugierige Tiere bezeichnet, die die Liebe zu ihrer Bezugsperson durch Anhänglichkeit ausdrücken.

Kastration Sofern es sich nicht um eine Zuchtkatze handelt, sollten Sie sich zu einer Kastration Ihrer Katze entschließen. Die Tiere leben entspannter, weil der Paarungsstress für die Katze wegfällt. Jeder Tierbesitzer, der die erste Rolligkeit seiner Katze miterlebt hat, weiß vom Stress für Mensch und Tier, wenn die Katze am Fenster sitzt und in allen Tonlagen versucht, einen Kater anzulocken.

Einzelgänger *Katze?*

Ist die Katze tatsächlich der ungesellige Einzelgänger, als der sie oft beschrieben wird? Manche Katzen leben solitär und streifen als Einzelgänger durch Felder und Wiesen, manche leben durchaus gesellig in verschieden großen Gruppen und in unterschiedlichen sozialen Strukturen. Viele wilde Verwandte der Katze sind gesellig: Löwen leben in Gruppen bis zu dreißig Tieren und Geparden in Familienverbänden oder in Gruppen von Gleichaltrigen.

Das Matriarchat regiert Forscher haben herausgefunden, dass immer die mütterliche Abstammungslinie darüber entscheidet, wie eine Katzengemeinschaft – ungeachtet der Größe der Gruppe, ihrer Zusammensetzung und oberflächlicher Unterschiede – sozial organisiert ist. Die Struktur einer solchen Katzengruppe ist stabil und besteht aus den verwandten Weibchen und lose mit der Gemeinschaft verbundenen Katern. Die Weibchen innerhalb der Gruppe ziehen die Würfe gemeinsam auf und beteiligen sich an der Pflege der Kätzchen. „Vater" Kater spielt keine direkte Rolle bei der Aufzucht seiner Nachkommen.

> **WICHTIG**
>
> *Katzen haben unterschiedliche Lebensweisen. Sie spiegeln die Individualität der Katze und ihre enorme Anpassungsfähigkeit an verschiedene Bedingungen wider.*

Der gespannte, aufmerksame Blick eines Raubtieres ist für die Katze, die in freier Natur lebt, oft lebensrettend.

Einzelgänger Katze?

Warum Katzen gesellig sind Die Grundlage zur Geselligkeit bei Katzen ist nicht das gemeinschaftliche Gruppenverhalten – wie es bei Hunden der Fall ist –, sondern die Fähigkeit, die Anwesenheit anderer Katzen zu tolerieren. Das „Bedürfnis" nach Geselligkeit ist daher von Katze zu Katze verschieden: Manche Katzen ertragen eine andere Katze in ihrer Nähe, andere nicht. Die soziale Toleranz – die Sympathie oder die Antipathie –, die einer Jungkatze durch die erwachsenen Katzen in der Umgebung entgegengebracht wird, wird das spätere soziale Verhalten dieses Kätzchens beeinflussen. Probleme im sozialen Zusammenleben entstehen unweigerlich, wenn zu viele Tiere auf zu engem Raum leben und die Katzen sich nicht aus dem Weg gehen können.

Das Nahrungsangebot entscheidet Wie groß eine wild lebende Katzengruppe ist, hängt von den Nahrungsressourcen und deren Verteilung ab. Ist das Nahrungsangebot reichhaltig, so sind Katzen auch bereit, bezüglich ihrer Reviergröße Abstriche zu machen und die Anwesenheit mehrerer Artgenossen zu tolerieren. Ein Gruppenleben von wild lebenden Katzenpopulationen bildet sich eher um einen Bauernhof oder einen Fischmarkt als in Gebieten, wo die Katze sich ihr Futter mühsam erjagen muss. Dies lässt die Schlussfolgerung zu, dass der Mensch durch ein „künstliches" Nahrungsangebot die Gruppenbildung bei Katzen beeinflussen kann.

Und nicht nur bei wild lebenden Katzen haben wir Menschen unsere Finger im Spiel, auch bei unseren Wohnungskatzen. Wir bestimmen, ob eine Katze zum ungeselligen Einzelgänger wird oder nicht. Viele Katzen werden einzeln ohne Artgenossen gehalten, ohne je beweisen zu können, dass sie durchaus die Fähigkeit zur Geselligkeit haben. Obwohl das Sozialleben der Katzen ausgesprochen vielschichtig ist und es Fachwissen erfordert, zwei oder mehreren Katzen ein harmonisches Zusammenleben zu ermöglichen, sollte man gerade Wohnungskatzen einen Artgenossen nicht vorenthalten!

Toleranz ist das Schlüsselwort dafür, ob Katzen in Gesellschaft leben oder nicht.

Katzen sind Individualisten

Jeder, der sein Leben mit einer Katze verbringt, weiß von den Eigenheiten seines Tieres zu berichten. Alle Stubentiger sind kleine Persönlichkeiten. Keine Katze ist der anderen gleich und da sind wir auch beim richtigen Stichwort. Was bedeutet diese viel zitierte Einmaligkeit der Katze? Die individuellen Unterschiede im Verhalten der domestizierten Katze beziehungsweise eine Darstellung aller Verhaltenseigenschaften, die eine bestimmte Katze von einer anderen unterscheiden oder sie mit einem ihr eigenen Stil auszeichnen, nennt man Individualität.

▶ **Wie sehen Sie Ihre Katze?** Aus dem Gesamtverhalten der Katze entsteht eine komplexe Wahrnehmung, die aber von Beobachter zu Beobachter und von Situation zu Situation verschieden sein kann. Sie wissen selbst, wie unterschiedlich Beschreibungen sein können, wenn zwei Personen ein und denselben Sachverhalt wiedergeben sollen. Jeder Mensch hat eine andere Sichtweise und legt auf andere Beurteilungskriterien Wert. Um die Beobachtung einer Katze zu vereinfachen, ist es sinnvoll, Kategorien zur Beurteilung von Verhaltensmerkmalen von Katzen festzulegen. Einen möglichen Test zur Beurteilung der eigenen Katze finden Sie rechts. Machen Sie sich doch einmal die Mühe, die zutreffenden Punkte anzukreuzen oder sie auf einem Blatt Papier niederzuschreiben. Dadurch erhalten Sie schnell eine Kurzbeschreibung der Verhaltensmerkmale Ihrer Katze, so wie Sie sie sehen! Und wenn Ihr Partner den Test macht? Falls Sie zwei Katzen haben, werden Sie wahrscheinlich Verhaltensunterschiede zwischen den beiden Tieren erkennen.

Sprechen Sie viel mit Ihrer Katze. Sie wird Ihnen aufmerksam zuhören.

CHECK

Beurteilen Sie Ihre Katze!

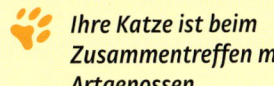 Ihre Katze ist beim Zusammentreffen mit Artgenossen
- ☐ ängstlich
- ☐ misstrauisch
- ☐ ausgeglichen
- ☐ kontaktfreudig.

 Ihre Katze begegnet anderen Menschen
- ☐ ängstlich
- ☐ misstrauisch
- ☐ ausgeglichen
- ☐ kontaktfreudig.

Ihre Katze reagiert auf neue, unbekannte Geräusche oder Dinge wie folgt:
- ☐ kommt neugierig näher
- ☐ hält vorsichtig einen Sicherheitsabstand ein
- ☐ versteckt sich.

Kreuzen Sie an, welche Beschreibung auf Ihre Katze zutrifft:
- ☐ lebhaft
- ☐ verspielt
- ☐ neugierig
- ☐ sensibel
- ☐ scheu.

 Gehört Ihre Katze zu den mitteilsamen Plaudertaschen?
- ☐ Ihre Katze miaut, wenn Sie sie ansprechen oder wenn sie etwas erreichen möchte.
- ☐ Ihre Katze miaut sehr selten.

 Würden Sie Ihre Katze als aggressiv bezeichnen?
- ☐ Aggressiv, kratzt und beißt oft, auch ohne ersichtlichen Grund
- ☐ Sanftmütig, außer unabsichtlichen Kratzern im Spiel gibt es keine Verletzungen.

 Wie beurteilen Sie den Platz Ihrer Katze in der Familie?
- ☐ Einzelgänger, lebt lieber zurückgezogen.
- ☐ Vollwertiges Mitglied, nimmt am Familienleben teil.

Wenn Verhalten zum Problem wird

Schon im zwischenmenschlichen Zusammenleben gibt es Probleme, obwohl wir Menschen der gleichen Art angehören und uns sprachlich untereinander verständigen können. Wie viele Verständigungsschwierigkeiten und damit Probleme entstehen erst zwischen Individuen aus verschiedenen Arten? Es gibt eine Vielzahl von Problemen, die im Zusammenleben mit einer Katze entstehen können. Plötzlich benutzt Ihre Katze die Toilette nicht mehr oder sie beginnt überall in der Wohnung ihre Harnmarkierungen zu hinterlassen. Andere Stubentiger veranstalten wilde Jagden auf die Knöchel ihrer Besitzer. Warum können sich zwei Katzen, die über Jahre friedlich miteinander gelebt haben, plötzlich nicht mehr leiden? Was haben Fressstörungen der Katze mit dem Verhalten zu tun? Wissen Sie immer, was Ihre Katze meint, wenn Sie von ihr angemaunzt werden? Fühlt sich Ihre Katze wohl, wenn sie schnurrt? Wieso benutzt Ihre Katze den Kratzbaum nicht? Was bereitet Ihrer Katze Stress? Fragen über Fragen ...

Bevor wir uns mitten in die Verhaltensproblematik stürzen, möchte ich noch einen kleinen Streifzug durch die am häufigsten verwendeten Begriffe im Zusammenhang mit Verhalten und Verhaltensproblemen machen.

▶ **Artgerechtes Verhalten** Das Verhalten, das die Katze in freier Natur zeigt, bildet immer die Grundlage für das Schaffen von artgerechten

Begegnen Sie Ihrer Katze mit Wissen und Respekt.

Bedingungen im Lebensraum mit dem Menschen. Sie müssen also dafür sorgen, dass Ihre Katze möglichst alle Verhaltensweisen, die zu Ihrem natürlichen Repertoire gehören, auch in Ihrer Obhut ausleben kann.

▸ **Unerwünschtes Verhalten** Ein für die Tierart oder das einzelne Individuum artgerechtes und normales Verhalten, das aber den Menschen stört, bezeichnet man als unerwünschtes Verhalten. Der Maßstab dabei ist nicht das Tier, sondern der Mensch: Kratzen gehört zum normalen Verhalten einer Katze. Es ist aber spätestens dann unerwünscht, wenn der Stubentiger seine Krallen an Möbeln oder Tapeten schärft.

▸ **Verhaltensstörungen** Als Verhaltensstörung wird jedes von der Norm abweichende Verhalten bezeichnet. Es ist aber fast unmöglich, festzustellen, welches Verhaltensmerkmal noch innerhalb der so genannten Norm des Verhaltensrepertoires einer Tierart liegt. Die Begriffe „Norm" und „normal" sind ungenau und relativ dehnbar. Schwere Verhaltensstörungen können durch eine räumlich beengte oder reizarme Haltung oder durch traumatische Erlebnisse entstehen. Auch Tiere bilden Assoziationen der Furcht im Zusammenhang mit Gegenständen oder Ereignissen, die ihnen in der Vergangenheit Angst gemacht haben.

Zum Beispiel: Sich zu putzen ist eine natürliche Verhaltensweise der Katze aus dem Bereich der Fellpflege. Leckt sich die Katze aber so lange das Fell, bis eine kahle Stelle entsteht, ist dies keine normale Verhaltensweise mehr. Das veränderte Verhalten der Katze kann nun auf verschiedene Ursachen zurückgeführt werden. In diesem Fall kann es sich um eine verhaltensbedingte Ursache, aber auch um eine Nahrungsüberempfindlichkeit, Parasitenbefall oder eine Erkrankung handeln.

Regelmäßige Fellpflege ist ein Zeichen des Wohlbefindens Ihrer Katze.

Die häufigsten Probleme

Verhaltensprobleme entstehen, wenn die Katze sich nicht mehr an veränderte Umweltbedingungen anpassen kann.

Tierpsychologen beobachten und beraten am häufigsten bei folgenden Verhaltensproblemen oder unerwünschten Verhaltensweisen bei Katzen:
> Unsauberkeit,
> Harnspritzen/-markieren,
> Aggression gegenüber Artgenossen,
> Aggression gegenüber Menschen,
> Angstprobleme,
> Fordern von Aufmerksamkeit oder Futter in der Nacht,
> Krallen wetzen an Tapeten und Möbeln,
> anormales Putzen oder Lecken,
> Stofffressen oder Stoffsaugen,
> Feinschmeckergewohnheiten,
> unerwünschtes Jagdverhalten.

Die häufigsten Ursachen

Können Erkrankungen von einem Tierarzt als Ursache für eine Verhaltensänderung ausgeschlossen werden, sind die Gründe für ein Verhaltensproblem meistens:

> unzureichende Fürsorge- und Haltungsbedingungen,
> falsch aufgebaute Interaktionen zwischen Mensch und Tier,
> falsche Erwartungen des Menschen dem Tier gegenüber und
> mangelhafte Kenntnisse über das natürliche Verhalten der Katze und die artgerechte Katzenhaltung.

Stereotypien Ständige, gleichförmige Wiederholungen von Verhaltensweisen oder Lautäußerungen, die keine offensichtliche Funktion haben, bezeichnet man als Stereotypien. Diese Verhaltensstörungen werden z. B. aus dem Funktionskreis der Fellpflege, der Nahrungsaufnahme oder der Bewegung gezeigt. Die Tiere entwickeln dann so genannte „Zwangsbewegungen" wie ständiges Lecken des Fells, übermäßiges Fressen und Trinken, sie miauen fortwährend oder zucken ständig mit dem Schwanz. Manche Tiere verletzen sich selbst durch Bisse. Gerade in Fällen von Selbstverstümmelung ist eine medizinische Untersuchung unerlässlich.

Ursachen Stereotypien können auf Erkrankungen zurückzuführen sein, aber auch durch die Umwelt des Tieres verursacht werden. Nicht artgerechte Haltungsbedingungen und Einzelhaltung begünstigen das Auftreten, aber auch Beschäftigungslosigkeit, Stressbelastung und Bedrohungen können Ursachen sein. Beim Auftreten von verhaltensbedingten Stereotypien ist die Reaktion des Tierhalters wichtig. Achten Sie darauf, dass Sie problematisches Verhalten Ihrer Katze nicht mit zusätzlicher Aufmerksamkeit belohnen.

Verhalten beeinflussen

Verhaltensauffälligkeiten und -problemen stehen Sie als Katzenhalter nicht hilflos gegenüber. Es ist durchaus möglich, das Verhalten der Katze zu beeinflussen. Es gibt drei grundlegende Möglichkeiten, wie man das Verhalten steuern kann.

▶ **Verhalten belohnen** Richtig belohnt wird spätestens ein bis zwei Sekunden, nachdem Ihre Katze die erwünschte Verhaltensweise gezeigt hat. Sie müssen also ganz schön auf Zack sein! Wenn Sie mit der Belohnung länger warten, kann Ihre Katze diese nicht mehr mit ihrer „guten Tat" in Verbindung bringen. Belohnt wird mit viel Lob, Spiel oder auch mit einem Leckerbissen.

▶ **Verhalten bestrafen** Bestrafen ist bei Katzen eigentlich nie das Mittel der Wahl, aber manchmal geht es einfach nicht anders. Unter Bestrafung ist niemals das Schlagen der Katze zu verstehen, sondern immer entweder ein lautes „Nein" oder das Erschrecken des Tieres durch ein lautes Geräusch, zum Beispiel indem Sie laut in die Hände klatschen. Damit diese Bestrafungsmethode Wirkung zeigt, muss sie – wie auch die Belohnung – unbedingt spätestens ein bis zwei Sekunden nach der unerwünschten Verhaltensweise erfolgen. Die Strafe sollte heftig genug sein, um das momentane Verhalten der Katze zu unterbrechen. Ein leises „Nein" bringt gar nichts. Die Bestrafung darf aber andererseits nicht so intensiv ausfallen, dass sich die Katze verstört in ein Versteck zurückzieht.

▶ **Verhaltensweisen auslöschen** Werden unerwünschte Verhaltensweisen konsequent ignoriert, findet also keine Reaktion Ihrerseits statt, wird Ihre Katze die Verhaltensweise nach einiger Zeit unterlassen, da diese „wertlos" für sie geworden ist. Allerdings bedarf es von Ihnen ein hohes Maß an Toleranz und Durchhaltevermögen.

Trockenfutter-Kroketten eignen sich gut als kleine Belohnung, wenn gezeigtes Verhalten bekräftigt werden soll.

Immer diese Störungen! Wenn die Ruhephasen der Katze immer wieder unterbrochen werden, bedeutet dies Stress.

Auch **Katzen** haben manchmal **Stress**

Viele Verhaltensänderungen und -probleme werden bei Katzen durch Stress ausgelöst. In der Wissenschaft wird Stress als Anpassungsleistung eines Lebewesens an Umweltbedingungen bezeichnet, die das normale Ausmaß überschreitet. Befinden sich Wildtiere im Stress – meist ist das eine akute Gefahrensituation –, so werden alle Körperfunktionen in Alarmbereitschaft versetzt. Über das Nebennierenmark werden die Hormone Adrenalin und Noradrenalin ausgeschüttet, welche verschiedene Umstellungen im Körper zur Folge haben: Der Herzschlag wird beschleunigt, der Blutzuckerspiegel erhöht, die Skelettmuskulatur verstärkt durchblutet und die Funktion des Magen-Darm-Traktes gehemmt.

So kann das Tier je nach Situation schnell reagieren, sich verteidigen oder die Flucht ergreifen. Und genau die gleichen Vorgänge laufen im Körper der Katze oder des Menschen ab, auch wenn die Stressauslöser ganz andere sein können.

> **WICHTIG**
>
> **Stress erkennen**
> Soziale Isolation, Langeweile, Veränderungen im Lebensumfeld und Hektik können Stress verursachen. Die Katze reagiert oft mit so genannten Selbstberuhigungsmechanismen darauf: Übermäßige Fellpflege, ununterbrochene Nahrungsaufnahme und ständiger Rückzug in ein Versteck deuten auf Stress hin.

Auch Katzen haben manchmal Stress

Positiver und negativer Stress
Während kurzzeitiger Stress durchaus positiv gesehen werden muss, führt ständiger Stress zu gesundheitlichen Beschwerden, belastet die zwischenmenschlichen Beziehungen und macht uns gereizt und aggressiv gegenüber unserer Umwelt. Lebenserwartung und Lebensqualität sinken, die Immunfunktion ist herabgesetzt und eventuellen Erkrankungen wird dadurch Vorschub geleistet. Genauso ist es bei Ihrer Katze: Auch sie empfindet Stress und kann dadurch körperlichen oder seelischen Schaden erleiden.

Stressfaktoren Ihre Katze empfindet nicht nur den Stress, der von ihrem menschlichen Lebensumfeld ausgeht, sondern ist auch durch Faktoren gestresst, die in ihrem Katzenleben auftreten. Für uns sind diese Faktoren oft Kleinigkeiten, deren Auswirkung auf die Katze wir uns nicht bewusst machen. Summieren sich jedoch viele Kleinigkeiten, so kann daraus auch ein großes Problem werden. Der Großteil der Katzenhalter ist berufstätig, geht morgens aus dem Haus und kommt abends wieder. Sie können nicht wissen, wie der Tagesablauf ihrer Katze aussieht und was sich tagsüber ereignet. Eine Menge von Dingen können passieren, die ihre Katze stressen, während sie nicht zu Hause sind! Stellen Sie sich doch einmal vor, was tagsüber bei Ihnen zu Hause geschehen kann, wenn Sie im Büro sind: Es beginnt mit der Nachbarskatze, die frech vor der Balkontür im Garten vorbeitänzelt, während Ihre Katze hinter der Scheibe sitzt und dem Eindringling nicht

„Der freche Eindringling befindet sich in meinem Revier und ich kann nichts dagegen tun, als ärgerlich mit dem Schwanz zu peitschen."

Katzen sind geduldig. Achten Sie darauf, dass Kinder den Bogen nicht überspannen.

zeigen kann, wer hier der Boss ist. Dann läutet vielleicht der Postbote an der Tür oder der Nachbar renoviert mit viel Lärm seine Wohnung. Vielleicht teilen Sie Ihre Wohnung ja auch mit zwei Stubentigern. Da kann es tagsüber zu kleinen Auseinandersetzungen um Fensterplätze oder Spielzeug kommen. Wenn Sie womöglich nur eine Katzentoilette haben, gibt es außerdem Streit um das stille Örtchen. Nachmittags kommen Sie nach Hause und haben noch schnell im Supermarkt die neue Katzeneinstreu besorgt, die im Fernsehen beworben wurde. Jetzt wird also die Lieblingseinstreu der Katzen gegen etwas Unbekanntes, Geruchfremdes getauscht. Am Ende finden Sie auch noch, dass die Katzentoilette an einem anderen Ort besser stehen würde. Zum Spielen und Streicheln haben Sie heute auch nicht viel Zeit, da noch eine Menge im Haushalt zu erledigen ist. Für Ihre Katze ist dieser Tag – wie man so schön sagt – schon gelaufen.

Stress baut sich auf Gehen Sie bei Wohnungshaltung besonders auf die Bedürfnisse Ihrer Katze ein, beschäftigen Sie sich regelmäßig mit ihr, dann wird ein stressiger Tag sie wahrscheinlich nicht so stark belasten. Erlebt Ihre Katze aber viele solcher Tage, baut sich allmählich immer mehr Stress auf. Irgendwann wird sie damit nicht mehr zurechtkommen und dies auch in ihren Verhaltensweisen zeigen. Unsauberkeit, Harnmarkieren, Destruktivität und auch Aufmerksamkeit forderndes Verhalten können die Folge sein.

Stress vermeiden

Viele Verhaltensauffälligkeiten und -probleme können von vornherein verhindert werden, wenn die Katze in einem einigermaßen entspannten, artgerechten Umfeld lebt. Auch wenn es heißt, Katzen seien anpassungsfähig, so dürfen Sie die

Stress vermeiden **163**

Tägliche Schmusezeiten mit Ihrer Katze werden zu einem Ritual, das Mensch und Tier entspannt.

Anpassungsfähigkeit Ihrer Katze trotzdem niemals überstrapazieren. Es ist immer die Summe aller Dinge, die zu hohen Belastungen führt.
Stärken Sie das Selbstvertrauen Ihrer Katze durch Respekt Ihrem Tier gegenüber. Regelmäßige Spielstunden wirken wahre Wunder und festigen auch die Bindung zwischen Ihnen und Ihrem Tier. Als Gegenpol braucht die Katze aber auch Rückzugsplätze. Diese Ruhezonen müssen von allen Familienmitgliedern respektiert werden.

▶ **Rituale geben Sicherheit** Nicht nur Kindern, auch uns Erwachsenen geben Rituale Sicherheit im Leben: das Aufstehen morgens, das anschließende Zähneputzen, der Frühstückskaffee verbunden mit dem Zeitunglesen, das gemeinsame Abendessen und viele andere Dinge, die Sie täglich mit Freude tun und daraus Entspannung oder Kraft beziehen. Auch Ihre Katze liebt Routine in ihrem Leben. Der Tag beginnt morgens mit dem Füttern, gefolgt von den morgendlichen Schmuseminuten mit Ihnen, dann werden die Katzentoiletten geputzt, Spielaktionen gibt es nachmittags, abends vor dem Fernseher wird wieder gestreichelt und so weiter. Diese Tagesfixpunkte im Leben Ihrer Katze signalisieren ihr, dass alles in Ordnung ist.

Sozialkontakt mindert Stress.

Gegenseitige Fellpflege vertieft die Bindung zum Artgenossen.

CHECK

Stresstest für Ihre Katze

Bitte kennzeichnen Sie die Kästchen, deren Aussage auf Ihre Katze und die momentane Situation zutrifft. Je mehr Kästchen Sie ankreuzen müssen, desto größer ist die momentane Stressbelastung für Ihre Katze. Wiederholen Sie den Test in regelmäßigen Abständen. So erhalten Sie ein gutes Abbild über die Stressfaktoren, denen Ihre Katze ausgesetzt ist.

- ☐ Ihre Katze leidet unter einer chronischen Krankheit und muss daher oft zum Tierarzt.
- ☐ Ihre Katze ist erkrankt. Beeinträchtigte Bewegungsfreiheit oder eingeschränkte Wahrnehmung, Schmerzen oder Unwohlsein verursachen Stress.
- ☐ Sie sind nur sehr selten zu Hause, die Katze wird sehr unregelmäßig gefüttert. In der Wohnung ist es zeitweise zu kalt oder zu heiß. Hunger, Durst, Kälte oder Hitze können ebenso stressen.
- ☐ Ihre Katze ist nicht kastriert und hat keine Möglichkeit, sich fortzupflanzen.
- ☐ Ihre Katze ist gerade rollig.
- ☐ Ihre Katze hatte gerade Nachwuchs. Durch das Säugen der Kätzchen ist sie sehr erschöpft.
- ☐ Die Katze wird in Ruhephasen immer wieder gestört.
- ☐ Es gab Veränderungen innerhalb Ihrer Familie (Kinderzuwachs, Todesfall, Scheidung, neuer Partner …).

Stresstest für Ihre Katze

- [ ] Sie haben die Einstreu gewechselt oder die Katzentoilette an einen neuen Standort gerückt.
- [ ] Es gibt eine neue Katze in der Familie.
- [ ] Andere Haustiere (Hund, Kaninchen) sind dazugekommen.
- [ ] Ihre Katze wird für bestimmte Verhaltensweisen bestraft.
- [ ] Ihr Lebensumfeld ist momentan sehr hektisch (Umzug, Streitereien in der Familie).
- [ ] Es gab Änderungen in Ihrem Tagesablauf und in dem der Katze (Sie sind wieder berufstätig etc.).
- [ ] Es gibt ständige Lärmquellen in der Umgebung der Katze, wie Musik, Fernsehen, Videospiele.
- [ ] Sie haben Kinder, die den Umgang mit einer Katze noch lernen müssen.
- [ ] Ihre Katze wird regelmäßig auf Katzenausstellungen gezeigt.
- [ ] Sie sind viel unterwegs und Ihre Katze ist immer bei Ihnen. Bei Autofahrten maunzt oder erbricht Ihre Katze öfters.
- [ ] Vor kurzem gab es eine ungewohnte Lärmbelastung wie Silvester oder ein heftiges Unwetter.
- [ ] Ihre Katze lebt ohne Artgenossen, ist den ganzen Tag allein. Sie spielen sehr wenig mit ihr.
- [ ] Es kommt immer wieder zu ernsthaften Auseinandersetzungen zwischen Ihren beiden Katzen.

„Was stresst mich jetzt schon wieder?"

Verhalten verstehen

Auch draußen lebende Katzen sind starken Belastungen ausgesetzt. Auseinandersetzungen mit Artgenossen, Umweltbedingungen und auch das Risiko, an Infektionskrankheiten zu erkranken, sind mögliche Stressfaktoren.

Hilfe bei Verhaltensproblemen

Was tun, wenn die Katze plötzlich massive Verhaltensveränderungen oder gar -probleme zeigt und Sie nicht mehr weiterwissen? Dann kann ein Tierpsychologe helfen!

▸ **Was ist Tierpsychologie?** Damit Verhaltensprobleme erfolgreich behandelt werden können, ist es unerlässlich, das natürliche Verhalten und die Verhaltensweisen der Tiere zu kennen. Kennt man die Verhaltensweisen in freier Natur, kann man Rückschlüsse auf die Bedürfnisse im Zusammenleben mit dem Menschen ziehen. Die Tierpsychologie befasst sich weniger mit dem „Durchschnitts- oder Normalverhalten" einer Tierart, sondern vielmehr mit den Besonderheiten, den individuellen und subjektiven Erscheinungen im Verhalten eines Tieres. Die Tierpsychologie geht grundsätzlich davon aus, dass das Verhalten eine Anpassungsleistung des Lebewesens an seine Umwelt ist. Ändert sich die Umwelt, so ändert sich auch das Verhalten.

▸ **So helfen Tierpsychologen** Die Tierpsychologen haben ein sehr weites Aufgabenfeld. Sie beraten bei der Anschaffung eines Tieres und informieren über die artgerechte Tierhaltung – schon hier können im Vorfeld sehr viele Probleme verhindert werden. Sie vermitteln dem Besitzer Wissen, Verständnis und Respekt gegenüber seinem Tier und schaffen so eine wichtige Grundlage für eine harmonische Mensch-Tier-Beziehung. Bei unerwünschtem Verhalten oder echten Verhaltensproblemen können sie dem Tier wie auch dem Halter helfen.

> **WICHTIG**
>
> **Organische Ursachen ausschließen**
> Vor jeder tierpsychologischen Beratung muss ein Tierarzt organische Ursachen als Auslöser des Verhaltensproblems ausschließen.

Hilfe bei Verhaltensproblemen

Der Behandlungsablauf Die tierpsychologische Beratung beinhaltet immer:
> das Aufnahmeprotokoll,
> die Analyse,
> die Verhaltensempfehlungen
> und die Kontrolle.

Jeder einzelne Fall wird dabei ganz individuell und von der Seite des Tieres betrachtet. Jedes Detail ist wichtig und kann zur Klärung des Problems beitragen. Der Tierpsychologe versucht in einem Gespräch mit dem Tierhalter die Gründe für das Problem zu ermitteln. Auch das Verhalten der Katze beziehungsweise das gezeigte Verhaltensproblem liefert dem Verhaltensexperten Hinweise auf mögliche Ursachen. Tierpsychologe und Halter versuchen, zunächst die Ursachen des Problems zu beseitigen – das Lebensumfeld muss wieder katzengerecht werden. Auch wird dem Tierhalter erklärt, wie er richtig auf Verhaltensweisen seines Tieres reagieren kann. Dann erarbeitet der Tierpsychologe Lösungsvorschläge, die genau auf das Tier zugeschnitten werden und auch den Halter mit einbeziehen. Für Katzen sind das oft Spiel- und Beschäftigungsvorschläge, die das Bedürfnis nach körperlicher und geistiger Anregung stillen und die „soziale Kompetenz" verbessern.

CHECK

Meine Katze auf der Couch

Treffen eine oder mehrere Aussagen auf Ihre Katze zu, kündigen sich Verhaltensprobleme an. Tun Sie rechtzeitig – jetzt sofort! – etwas dagegen. Wie, lesen Sie in den folgenden Kapiteln.

☐ Meine Katze zeigt in bestimmten Situationen Verhaltensweisen, die mich stören.

☐ Ich muss öfter mit meiner Katze schimpfen.

☐ Meine Katze ist ängstlich und nervös.

☐ Meine Katze ist häufig aufdringlich und/oder fordernd.

☐ Es passieren manchmal „Unfälle" außerhalb der Katzentoiletten.

☐ Meine Katze ist aggressiv gegenüber anderen Katzen.

☐ Meine Katze faucht mich öfter an.

☐ Meine Katze hat schon öfter jemanden durch Kratzer und Bisse verletzt.

☐ Meine Katze zerkratzt Tapeten oder Möbelstücke.

☐ Ich habe in letzter Zeit Verhaltensänderungen bei meiner Katze festgestellt.

Do you

speak Cat?

Katzensprache ist nicht nur Miauen, Schnurren und Fauchen. Katzen sprechen mit dem ganzen Körper, von der Ohren- bis zur Schwanzspitze. Nach hinten gelegte Ohren, Katzenbuckel, ein peitschender Schwanz – was bedeutet das? Lernen Sie das Ausdrucksverhalten Ihrer Katze verstehen und einer harmonischen Kommunikation steht nichts mehr im Wege.

Kommunikation

Was die Verständigung unter Artgenossen betrifft, so haben uns Katzen einiges voraus. Während wir hauptsächlich mit der Stimme, also über unsere Sprache kommunizieren, setzen Katzen dazu vermehrt Mimik und Körpersprache ein. Es wird nicht nur miaut und gefaucht. Stimmungen und Absichten werden den Artgenossen über die Körperhaltung mitgeteilt, Informationen über Gerüche transportiert und Gunstzuweisungen über kurzen Körperkontakt vermittelt.

▶ **Sprache ohne Worte** Im Allgemeinen funktioniert das Ausdrucksverhalten – so bezeichnet man Verhaltensweisen, die der Verständigung zwischen Individuen einer Art dienen – auf verbaler und nonverbaler Ebene. Während eine sprachliche Kommunikation – so wie die menschliche – bei Tieren eher selten ist, können Tiere ausgezeichnet auf einer nicht sprachlichen Ebene Informationen austauschen, nämlich über Körpersprache, Lautäußerungen, Gerüche und Berührungen. In den folgenen Kapiteln erfahren Sie mehr über Kommunikation.

Do you speak Cat?

> **WICHTIG**
>
> **Kommunikation ist möglich durch:**
> - sichtbare Signale (Mimik und Körpersprache),
> - hörbare Signale (Lautsprache),
> - riech-/schmeckbare Signale (Gerüche) sowie
> - fühlbare Signale (Berührungen).

Die Katze versucht durch den Katzenbuckel größer und imposanter zu wirken. Vielleicht lässt sich der Gegner beeindrucken und tritt die Flucht an.

Der Gesamteindruck zählt

Mittels verschiedener optischer Signale und deren Kombination kann sich die Katze mit Artgenossen verständigen und auch ihrem Menschen Informationen über ihr Befinden oder ihre Absichten vermitteln. Mimik und Körpersprache müssen immer in ihrer Gesamtheit betrachtet werden, um eine zutreffende Aussage über die jeweilige Stimmungslage der Katze zu erhalten. Werden Verhaltensweisen isoliert betrachtet, kann es zu Fehlinterpretationen kommen. Achten Sie daher nicht nur auf ihre Mimik, sondern auch auf die Körpersprache. Nur so können Sie verstehen, was Ihre Katze mitteilen möchte.

So spricht der *Körper*

Körperhaltung Jede optische Vergrößerung des Körpers bedeutet Selbstsicherheit. Durchgestreckte Beine können auf Angriffsbereitschaft deuten. Durch das Aufstellen oder Anlegen des Fells kann die körperliche Erscheinung zudem noch vergrößert oder verkleinert werden. Ein Einknicken der Hinterbeine signalisiert Unsicherheit, ein Einknicken der Vorderbeine deutet auf Verteidigungsbereitschaft hin.

Katzenbuckel Macht die Katze den so genannten Katzenbuckel, spricht man von einer gleichzeitigen Flucht-, Verteidigungs- und Angriffsstimmung. Die Katze steht mit dem Katzenbuckel meist seitwärts zum Gegner, um aus dieser Stellung entweder steifbeinig seitwärts die Flucht nach hinten antreten zu können oder nach vorn zu stelzen, um zum Angriff überzugehen.

▸ **Treteln** Sie haben das sicher schon bei Ihrer Katze erlebt: Sie springt auf Ihren Schoß und beginnt, mit tretenden Pfotenbewegungen Ihren Arm oder auch Ihren Oberschenkel zu kneten. Dieses Bewegungsmuster stammt aus der Kindheit der Katze. Mit diesem so genannten Milchtritt versucht das kleine Kätzchen den Milchfluss der Zitze bei der Mutter anzuregen. Zeigt Ihre Katze Treteln bei Ihnen, können Sie sich glücklich schätzen, denn diese Geste bedeutet höchstes Wohlbefinden.
Die Katzenhalter unter Ihnen, die auch einen Hund haben, interessiert es vielleicht, dass beim Hund das so genannte Pföteln dem Treteln der Katze entspricht. Das Pfotegeben des Hundes hat einen auffordernden Charakter, denn der Hund bittet damit um freundliche, reibungslose Aufnahme in den menschlichen Sozialverband.

▸ **Berührungen** Obwohl die Katze als typischer Einzelgänger gilt, spielt auch unter Katzen die Kommunikation durch Körperkontakte eine Rolle: Nasenkontakt, Aneinanderreiben der Körper, gegenseitige Fellpflege und Lecken. Mit Hilfe des Körperkontaktes werden Bindungen aufgebaut und immer wieder bestätigt. Auch das Streicheln des Tieres durch den Menschen hat eine Bindungsfunktion. Das Tier soll mit der Berührung durch den Menschen positive Erfahrungen verbinden.

Was verrät der Schwanz?

Der Schwanz ist ein ganz hervorragendes Stimmungsbarometer:
Gute Laune: erhobener Schwanz.
Konflikt: Der Schwanz zuckt.
Ungeduld und Ärger: Der Schwanz peitscht hin und her.
Angst bzw. Unterwerfung: Der gesenkte Schwanz wird aufgeplustert bzw. zwischen den Beinen eingeklemmt.

Katzenakrobatik: Der Schwanz hilft auch, das Gleichgewicht zu halten.

Hund und Katze müssen erst die Körpersprache des anderen verstehen lernen.

▸ **Missverständnisse** „Wie Hund und Katz" – das ist ja geradezu sprichwörtlich. Aber warum kann es zu Schwierigkeiten zwischen Hund und Katze kommen? Einer der Gründe sind ganz einfach Verständigungsschwierigkeiten zwischen den beiden Arten. Am Beispiel Schwanzwedeln sei dies erklärt: Das Schwanzwedeln der Katze hat eine andere Bedeutung als das Schwanzwedeln des Hundes! Wedelt die Katze mit dem Schwanz, befindet sie sich bereits in einer eher aggressiven Stimmung, legt sie dann noch die Ohren an, kann ein Angriff folgen. Ein Schwanzwedeln des Hundes kann dagegen grundsätzlich als freundliche Geste gesehen, aber auch dem Imponiergehabe zugeordnet werden, welches in Angriffs- oder Abwehrdrohen oder auch Unterwürfigkeit übergehen kann.

Augen, Ohren und Schnurrhaare

Die Stellung der Ohren, der Schnurrhaare sowie die Augen des Tieres geben ebenso Aufschluss über die Gemütslage der Katze:

> Bei einer zufriedenen Katze sind die Ohren nach oben gerichtet und die Schnurrhaare entspannt.
> Die Katze ist angespannt, wenn die Ohren nach hinten wandern und sich die Schnurrhaare leicht nach vorn aufrichten.
> Eine verängstigte oder verärgerte Katze, die zur Verteidigung bereit ist, hat die Ohren angelegt und die Schnurrhaare deutlich nach vorn gerichtet.
> Zufriedenheit und Entspannung signalisieren halb geschlossene Augen und zur Seite gedrehte Ohren sowie entspannt hängende Schnurrhaare.

> Spielbereitschaft wird durch gespitzte Ohren und weit geöffnete Augen mitgeteilt.
> Ein Zeichen von Spannung, Interesse und aggressiver Drohung sind verengte Pupillen.
> Überraschung, Furcht und Verteidigungsbereitschaft drücken erweiterte Pupillen aus. Bitte bedenken Sie jedoch, dass Veränderungen der Pupillengröße auch durch die jeweiligen Lichtverhältnisse bestimmt werden.

Die Lautsprache der Katze

Auch wenn der Großteil der Kommunikation unter Katzen oder auch zwischen Katze und Mensch ganz ohne „Worte" abläuft, sind Katzen nicht stumm. Wir, die wir ja hauptsächlich verbal kommunizieren, interessiert es natürlich sehr, was Miauen, Schnurren und Co. zu bedeuten haben.

Die Lautäußerungen der Katze werden in Murmel-, Vokal- und Erregungslaute eingeteilt.

Schnurren und Gurren Alle Murmellaute, wie zum Beispiel das Gurren und Schnurren, werden von der Katze mit geschlossenem Maul von sich gegeben. Grundsätzlich signalisiert Schnurren eine sozial aufgeschlossene Stimmungslage. Das Schnurren der Katze kann sowohl dem Artgenossen als auch dem Menschen gegenüber Zufriedenheit und Wohlbefinden ausdrücken. Das erste Schnurren der Kätzchen erfolgt beim Säugen und ist ein Signal an die Mutter, dass sich die Kätzchen wohl fühlen. Es wird mit dem Gegenschnurren der Mutter beantwortet.

LINKS: *Auch Augen, Ohren und Schnurrhaare müssen gepflegt werden.*

MITTE: *Schnurrhaare sind empfindliche Sensoren ...*

RECHTS: *... und ein Stimmungsbarometer.*

Es gibt sehr interessante Forschungen des „Fauna Communications Research Institute" in North Carolina, welche zeigen, dass die beim Schnurren erzeugten Schallwellen Heilprozesse im Knochengewebe auslösen. Verschiedene Aufzeichnungen des Schnurrens von Katzenartigen und die Analyse der Daten ergaben, dass beim Schnurren Frequenzen gewählt werden, die direkt in den für das Knochenwachstum entscheidenden Bereich fallen.

Warum maunzt sie nur?

Wann schnurren Katzen? „Ganz klar: wenn sie sich wohlfühlen", werden Sie vielleicht antworten. Dass Katzen immer als Zeichen von Zufriedenheit und Wohlbefinden schnurren, ist nur bedingt richtig. Verschiedenste Beobachtungen und Forschungsergebnisse haben gezeigt, dass Katzen auch bei Unbehagen schnurren. Oder auch, um dieses Unbehagen zu vermeiden. Katzen schnurren also auch
> in Angstsituationen, zum Stressabbau und zur Beruhigung,

> zur Beschwichtigung von Artgenossen, bei Schmerzen und in verletztem Zustand,
> während der Geburtswehen und auch in der Todesstunde.

Miauen und Maunzen Um ein Miau zu erzeugen, muss die Katze die Lippen kräuseln. Durch den Übergang von einer Tonart in die andere und durch die Variation der Tonhöhe der Miau- und Maunzlaute werden eine Vielzahl von Gefühlen ausgedrückt. Wer kennt die verschiedenen Miaus und Maunzer nicht, wenn Katzen ihren Wünschen, Forderungen oder Klagen Ausdruck verleihen? Jeder Katzenbesitzer lernt recht schnell, die Feinheiten herauszuhören und ihre Bedeutung zu verstehen.

Knurren, Fauchen und Schnattern Jaulen, Knurren, Fauchen, Schnattern und Schreien zählen zu den Erregungslauten. Knurren entsteht im Stimmapparat, bei geschlossenem Maul. Katzen knurren vor allem in gereiztem Zustand. Knurren kann schnell in Fauchen übergehen. Beim Fauchen wird die Zunge gewölbt, um einen warmen Atemstrahl auszustoßen. Haben Sie Ihrer Katze einmal ins Gesicht geblasen? Hat sie Sie daraufhin angefaucht? Genau das haben Sie durch das Anblasen imitiert.

Schnattern ist in Frustrationssituationen des Beuteverhaltens zu hören, wenn es der Katze aus irgendeinem Grund unmöglich ist, dem Beutetier nachzujagen. Sicherlich bekommen Sie ab und zu mit, wie Ihre Katze am Fenster sitzt und Vögel beobachtet. Plötzlich gibt sie so eigenartige Laute von sich – sie schnattert. Manche Katzen beginnen dann auch, mit dem Schwanz zu peitschen.

Düfte liefern Informationen

Im Vergleich zur optischen und akustischen Kommunikation ist die geruchliche Weitergabe von Signalen eine sehr starre, da Geruchssignale nicht unmittelbar an veränderte Situationen angepasst werden können. Die meisten chemischen Signale dienen daher zur Übermittlung von verhältnismäßig unveränderlichen Botschaften. Sie bieten aber den Vorteil, dass sie langfristig Informationen übermitteln können, auch wenn der Informationssender selbst nicht mehr präsent ist. Katzen erkennen anhand der geruchlichen Informationen das Geschlecht, den hormonellen Status und auch den Gesundheitszustand anderer Artgenossen.

Katzen verfügen über ein Kommunikationsnetzwerk und hinterlassen ihren Artgenossen mittels Duftmarkierungen Botschaften.

▶ **Duftmarkierungen** Katzen identifizieren einander am Geruch durch Schnuppern am Kopf oder am Schwanz, wo die Duftdrüsen sitzen. Sie markieren einander auch durch ein Aneinanderreiben der Wangen oder der Schnauzen. Begrüßt Sie Ihre Katze mit einem Wangenreiben, wenn Sie nach Hause kommen? Dies ist nicht nur eine freundliche Geste, sondern Ihre Katze überträgt ihren Geruch auf Sie. Sie kennzeichnet Sie als zu ihrem Revier gehörend. Quellen der Duftmarkierungen bei der Katze sind Urin, Kot sowie Duftdrüsen an der Schnauze und an den Füßen. Katzen kennzeichnen ihre Reviere häufig mit Duftstoffen, um die eigene Stärke zu demonstrieren. Sie hinterlassen ihre Urin- und Kotmarken an strategisch wichtigen Punkten im Revier. Katzen sind in der Lage, zu unterscheiden, ob es sich um Markierungen von einem bekannten oder fremden Kater oder von einem Weibchen handelt. Manchmal kommt es zu regelrechten „Duftkämpfen" zwischen Katzen, wobei ein Tier versucht, die Duftmarkierung des anderen Tieres durch den eigenen Harn geruchlich zu überdecken.

▶ **Flehmen** Katzen besitzen das so genannte Jacobson'sche Organ, das in seiner Funktionsweise zwischen dem Geruchs- und Geschmackssinn

> **INFO**

> *Lernen Sie Katzenflüstern!*

> › Lernen Sie die Katzensprache! Nur so können Sie überhaupt mit Ihrer Katze kommunizieren und verstehen, in welcher Stimmung sie sich befindet und welche Absichten sie hat.

> › Starren Sie Ihre Katze niemals an! Anstarren wird als Drohung aufgefasst. Wenn Sie die Katze ansehen, blinzeln Sie dabei. Das kommt einem Lächeln gleich.

> › Lassen Sie Ihre Katze den ersten Schritt machen! Es entspricht dem Katzenverhalten, dass die soziale Kontaktaufnahme von der Katze ausgeht. Zwingen Sie ihr keine Streicheleinheiten auf. Beim Streicheln achten Sie auf die Körpersprache der Katze. Beginnt sie mit dem Schwanz zu peitschen und die Ohren anzulegen, signalisiert sie damit, dass es jetzt genug ist.

> › Katzen wollen nicht immer „reden"! Rückzugsplätze müssen deshalb strikt respektiert werden. Die Katze muss wissen, dass sie sich stressfrei auf diesen Platz zurückziehen kann, wenn sie keinen Kontakt zu Ihnen möchte oder sich vor etwas fürchtet.

> › Körperkontakt ist Kommunikation! Das regelmäßige Bürsten Ihrer Katze stärkt Ihre Mensch-Tier-Bindung. Tägliche Spielzeiten mit Ihrer Katze wirken sich positiv auf Ihre Beziehung aus.

liegt und beim Flehmen eingesetzt wird. Es sieht für uns recht befremdlich aus, wenn eine Katze flehmt. Sie zieht die Oberlippe in die Höhe und saugt dabei Luft ein, um ungewohnte und anregende Gerüche zu analysieren. Das Flehmen dient den Katzen außerdem zur Kontrolle der im Kot und Harn enthaltenen Duftstoffe.

Auf einen Baum klettern, bietet viele Vorteile. Die Katze hat die beste Übersicht und wird selber nicht gesehen und die Krallen werden nebenbei auch gleich geschärft.

„Samtpfote oder Krallenpranke, ganz nach meinem Willen."

Auch Krallen sprechen

Haben Sie auch eine Katze, die an den Tapeten kratzt oder versucht, sich an den Holzfensterrahmen zu verewigen? Das Kratzen an aufrechten Gegenständen gehört zum natürlichen Katzenverhalten. Beim Kratzen werden die alten, lockeren Außenschichten der Krallen abgezogen und die Krallen so funktionsfähig gehalten. Das ist den meisten Katzenbesitzern auch bekannt. Aber Kratzen ist mehr: Durch die Schweißdrüsen an den Vorderpfoten wird beim Kratzen ein Sekret abgesondert, das die Kratzspuren mit dem Geruch der Katze versieht. Diese Kratzspuren sind daher ein für andere Katzen sicht- und riechbares Zeichen für eine Revierbegrenzung. Kratzt eine Katze ganz demonstrativ vor den Augen einer anderen Katze, so ist das als deutliches Dominanzverhalten gegenüber einer rangniederen Katze zu verstehen.

Kratzmöglichkeiten anbieten
Sowohl in der freien Natur als auch im Haus bevorzugen Katzen häufig ein bestimmtes Objekt zum Kratzen. Einer Wohnungskatze, die ihrem Kratzbedürfnis nicht draußen nachgehen kann, müssen Sie ein Ersatzobjekt zum Kratzen schmackhaft machen. Das kann ein geeigneter Kratzbaum, ein an der Wand montiertes oder ein auf dem Boden aufgelegtes Kratzbrett mit einem Sisalbezug sein. Überreden Sie Ihre Katze niemals mit Gewalt, am Kratzbaum oder an den Kratzbrettern ihre Krallen

zu schärfen. Zwang führt niemals zum gewünschten Erfolg! Machen Sie die Kratzstelle für Ihre Katze interessant. Kratzen Sie selbst daran und geben Sie Ihrer Freude darüber Ausdruck. Katzen sind neugierige Tiere. Ihr Stubentiger wird schnell wissen wollen, was Ihnen so viel Vergnügen bereitet, und es Ihnen gleichtun. Beginnt Ihre Katze am gewünschten Objekt zu kratzen, loben Sie sie ausgiebig. Eine andere Methode ist es, die Kratzstelle mit Katzenminze einzureiben, damit sie durch den Duft angelockt wird.

▸ **Kratz- und Katzenbaum** Wichtig ist, dass die Katze uneingeschränkten Zugang zu ihrem Kratzbaum hat. Ist der Kratzbaum zugleich noch ein Katzenbaum mit Aussicht, ist das die perfekte Kombination. Wenn Sie den Kratzbaum in der Nähe eines Fensters oder bei der Balkontür positionieren, damit die Katze den Katzenbaum auch als Aussichtsplatz verwenden kann, schlagen Sie zwei Fliegen mit einer Klappe. Einerseits vergrößern Sie so visuell das Revier für die Katze, die nun von den verschiedenen Aussichtsplätzen des Kratzbaumes ideale Sicht in die Außenwelt hat. Andererseits wird die Katze beim Hinaufklettern schnell feststellen, wie angenehm das Kratzen an den Sisalsäulen des Kratzbaumes ist.

Kratzmarkierungen sind für Artgenossen eindeutig sicht- und riechbare Signale.

So lassen sich jagen, spielen und Krallen schärfen unter einen Hut bringen.

Kratzbretter Diese können Sie an verschiedenen Stellen und in unterschiedlichen Höhen für Ihre Katze zum Kratzen befestigen. Es gibt gewinkelte Kratzbretter, die ideal um Mauerecken gespannt werden können. Viele Katzen, so wie meine, lieben es, wenn das Kratzbrett am Boden aufgelegt wird. Das Brett sollte lang genug sein, sodass die Katze sich bequem darauf stellen kann. Ihr Körpergewicht fixiert das Kratzbrett und die Katze kann nach Herzenslust ihre Krallen an der Sisalbespannung wetzen. Manche Katzen unterlassen das Krallenwetzen an den Teppichen, sobald sie auch ein Kratzbrett haben, das auf dem Boden aufliegt. Hat Ihre Katze bereits eine Lieblingsecke, wo sie ihre Krallen schärft, dann haben Sie den idealen Platz für das Kratzbrett auch schon gefunden.

Kratzprobleme vermeiden

Passen Sie auf, dass Sie das Kratzen Ihrer Katze an bestimmten Gegenständen nicht fördern und unabsichtlich belohnen. Katzen sind ausgesprochen intelligent und merken schnell, wie sie Ihre Aufmerksamkeit erregen können. Wenn Ihre Katze jedes Mal zusätzliche Zuwendung erhält oder Sie gar versuchen, sie durch einen Leckerbissen vom Sofakratzen abzuhalten, hat die Katze ihre gewünschte Belohnung erhalten. Auch Schimpfen betrachtet die Katze in diesem Fall als zusätzliche Zuwendung. Die beste Reaktion ist, zunächst das Verhalten Ihrer Katze zu ignorieren. Nach ungefähr zehn bis fünfzehn Minuten wenden Sie sich ihr dann zu und spielen mit ihr.

Und sie kratzt doch! Hat Ihre Katze trotz allem das Sofa oder einen Stoffsessel als bevorzugtes Kratzobjekt auserkoren? Dann können Sie dieses für die Katze unattraktiv gestalten, indem Sie es mit einer Decke verhängen. Außerdem können Sie für einige Zeit den Kratzbaum neben dem Sofa aufstellen, um das Kratzverhalten der Katze auf diesen umzulenken. Hat Ihre Katze den Kratzbaum als solchen akzeptiert, rücken Sie ihn jeden Tag 10 bis 15 Zentimeter in Richtung des endgültigen Standortes.
Es gibt leider Fälle, in denen Katzen das Kratzen an charakteristischen Eckpunkten ihres Reviers, zum Beispiel an Fensterecken oder Türrahmen, nicht abzugewöhnen ist. Manchmal ist die letzte Lösung dann, die Tapeten durch einen Mineralverputz zu ersetzen, der das Kratzen unmöglich macht.

Viele Wohnungskatzen versuchen, die Wohnung ihres Menschen durch Kratzmarkierungen als ihr Revier zu kennzeichnen, so auch meine Katze.

Aggression

und Angst

Wildes Fauchen, Kratzen, Attacken aus dem Hinterhalt – die Katze wirkt aggressiv. Der umgekehrte Fall: Die Katze ist überängstlich, reagiert auf viele Situationen mit panischer Flucht oder versteckt sich. Zwei Verhaltensweisen, deren Ursachen es zu verstehen gilt, um Problemen vorzubeugen oder sie zu lösen.

Wenn Mieze aggressiv wird ...

Fauchende und kratzende Katzen haben etwas Abschreckendes und so ist es in der Natur auch gedacht. Schafft es die Katze nicht, ihren Gegner durch Fauchen, Knurren und Krallenzeigen abzuhalten, dann kommt es zum Kampf. Und dieser ist sowohl für den Angreifer als auch für den Verteidiger mit einem hohen Verletzungsrisiko verbunden. Aber auch im Zusammenleben mit dem Menschen ist Aggression immer wieder ein Thema. Was steckt hinter fauchenden Katzen, die aufeinander losgehen, Pfotenhieben hier und dort, Angriffen auf menschliche Beine und Sprüngen aus dem Hinterhalt, die uns erschrecken? Wann ist gezeigtes aggressives Verhalten bei der Katze eine ganz normale Reaktion? Wieso initiiert die Katze eine Auseinandersetzung? Wie verhalten Sie sich bei aggressiven Verhaltensweisen Ihrer Katze richtig?

Aggression verstehen

Alle Elemente des Angriffs-, Verteidigungs- und Drohverhaltens bezeichnet man als Aggressionsverhalten oder Aggression. Aggressionsverhalten kann in diversen Situationen auftreten und ist von ganz unterschiedlichen Bedingungen beziehungsweise Verhaltensbereitschaften abhängig. Seltener ist die Aggression als Aktion: Die Katze beginnt die Auseinandersetzung mit einem Artgenossen oder dem Menschen, ohne sich verteidigen zu müssen. Viel häufiger tritt Aggression als Reaktion beziehungsweise als Antwort auf Verhaltensweisen eines anderen Individuums auf.

Dies alles kann aggressive Verhaltensweisen der Katze auslösen:

▶ **Selbstschutz** Die Katze verteidigt sich gegen Feinde, in Angstsituationen und zur Schmerzvermeidung. Eine erhöhte Angriffsbereitschaft kann sich zeigen, wenn die Katze Junge hat und nicht nur sich, sondern auch die Kleinen schützen muss.

▶ **Gegenangriff** Wird die Individualdistanz eines Individuums – ein um das Tier gedachter Kreis in unterschiedlicher Größe – unterschritten, gehen manche Katzen zu einem Gegenangriff über, anstatt zu flüchten. Auslöser für den Gegenangriff ist oftmals die Tatsache, dass der Katze der Fluchtweg abgesperrt und sie somit in die Verteidigungsposition gezwungen wurde.

▶ **Konkurrenz** Wenn es um die Gunst von Weibchen geht, kann es zu erbitterten Kämpfen unter Rivalen kommen.

▶ **Revierverteidigung** Viele hoch entwickelte Tiere verteidigen ein bestimmtes räumliches Gebiet als Heimbereich und sind auch bereit, Eindringlinge anzugreifen. Die Angriffsbereitschaft ist an das Territorium des Tiers gebunden. Je näher der Eindringling dem Zentrum des Reviers kommt, desto stärker wird angegriffen.

▶ **Sozialkontakt** Die Katze unterbricht oder wehrt unerwünschte soziale Kontakte von Artgenossen oder Menschen ab.

▶ **Frustration** Manchmal wird das Hindernis angegriffen, das von der Verwirklichung einer bestimmten Verhaltensweise abhält.

Nur gute Beobachter können rechtzeitig reagieren.

Aggression im Spiel 185

Im Spiel werden Grenzen ausgelotet.

Aggression im Spiel

Spielerische Aggression gehört zum normalen Verhalten bei Katzen mit ausgeprägtem Spieltrieb und Bewegungsdrang. Kätzchen lernen spielend ihre Jagdfähigkeiten zu trainieren. Erlauben Sie der kleinen Katze, im Spiel nach Ihren Fingern zu schlagen und in Ihre Hände zu beißen, weil die kleinen Zähne Sie noch nicht ernsthaft verletzen können, so wird das spätestens nach dem Zahnwechsel unangenehm für Sie. Kratzer und Bisse einer ausgewachsenen Katze zeigen ganz beachtliche Auswirkungen – vor allem auf zarte Kinderhände.

▶ **Kratzen und Beißen verboten**
Schon das Kätzchen muss lernen, dass Kratzen und Beißen in die Finger des Menschen unerwünscht sind. Wird Ihre Katze beim Spielen zu grob und Sie laufen Gefahr, gekratzt oder gebissen zu werden, beenden Sie das Spiel. Wenden Sie sich für einige Zeit ab und beginnen Sie dann wieder mit Ihrer Katze zu spielen. Jedes Mal, wenn das Kätzchen zu heftig wird, unterbrechen Sie die Spielphase. Ihre Katze lernt so, dass Kratzen und Beißen im Spiel unerwünscht sind und das Spiel sofort von Ihnen beendet wird. Können Sie Ihre Finger vor den Katzenkrallen nicht mehr rechtzeitig in Sicherheit bringen, dann geben Sie Ihrem Schmerz durch ein lautes „Au" Ausdruck. Die Katze wird durch Ihren Schmerzensschrei erschrecken, was einer Bestrafung gleichkommt, und eine Verbindung zwischen dem unerwünschten Kratzen und Beißen und dem erschreckenden Schrei herstellen.

Auch beim Spielen muss auf die Körpersprache der Katze geachtet werden.

Attacken aus dem Hinterhalt

Spielerische Attacken gegen den Menschen werden vorwiegend von jungen Katzen begonnen. Aber auch manche erwachsene Katzen neigen dazu, denn die meisten Katzen haben auch im erwachsenen Alter einen ausgeprägten Spieltrieb und Bewegungsdrang, den es zu befriedigen gilt. Da bietet sich doch der Mensch, der an der Katze vorbeigeht, optimal als Jagdobjekt an. Welche Schuld tragen Sie an solchen Angriffen? Grobes Spielen mit Ihrer Katze begünstigt diese Attacken, da die Katze diese Spielweise für normal und von Ihnen erwünscht hält.

▶ **Unbeabsichtigte Belohnung**
Wurden spielerische Angriffe der Katze vielleicht unabsichtlich von Ihnen belohnt und somit gefördert? Haben Sie während einer solchen Attacke einmal versucht, die Katze durch das Werfen von Spielgegenständen oder Leckerbissen von Ihren Beinen oder Armen abzulenken? Oder haben Sie während eines unerwarteten Angriffs auf Ihre Füße unwillkürlich geschrien und sind vor Schreck zusammengezuckt? Mit Ihren Reaktionen haben Sie Ihr Tier für seine aggressive Verhaltensweise belohnt und den Grundstein für weitere Attacken gelegt. Die Katze weiß nun, wie sie schnell und einfach an Leckerbissen und „Action" kommt.

▶ **Sie müssen schneller sein** Es gibt nur eine Möglichkeit, eine solche spielerische Attacke von Ihnen auf ein Spielzeug umzulenken: Sie müssen das Spielzeug werfen, **bevor** die Katze die Attacke auf Ihre Beine

Spielen als Lösung **187**

Grobes und aggressives Spiel verursacht der Katze Stress und kann zu Verhaltensproblemen führen.

oder Arme startet. Das ist gar nicht so einfach, denn hierfür müssen Sie Ihre Katze genau kennen und Ihr Verhalten einschätzen, ja vorhersehen können. Werfen Sie die Maus oder den Ball nur einige Sekunden zu spät, haben Sie den Angriff Ihrer Katze belohnt. Das Tier lernt, dass solche Attacken Spiel, Spaß und Abwechslung bedeuten.

TIPP

Auf Attacken reagieren
Weil das Umlenken des Angriffs auf Spielzeug so schwierig ist, rate ich Ihnen bei aggressiven Attacken zu folgender Methode: Schreien Sie im Moment des Angriffs ein „Nein" oder „Au", ignorieren Sie Ihre Katze danach für zehn bis fünfzehn Minuten und wenden Sie sich ihr erst danach wieder zu.

Spielen als Lösung

Jeder noch so verschmuste Stubentiger ist und bleibt ein Raubtier, für das die schönste Beschäftigung das Jagen ist. Vor allem einzeln gehaltene Katzen, die viele Stunden allein sind, oder Tiere, denen es an Möglichkeiten zu spielerischen und auch körperlichen Aktivitäten fehlt, veranstalten spielerische Attacken auf Frauchen oder Herrchen. Langeweile und Unterbeschäftigung bringen so manchen Stubentiger auf die Idee, ihrem Menschen nachzustellen. Sie sind ausgesprochen aktionsreich und interessant für die Katze: Die Reaktionen des Menschen wie Erschrecken und Schreien oder das Werfen von Spielzeug. So kommt Abwechslung und Aufregung in den manchmal sehr eintönigen Katzenalltag.

Spielen baut Energie ab Die einzige Möglichkeit für Wohnungskatzen, ihren Jagdtrieb auszuleben und angestaute Energien abzubauen, liegt im Spiel. Tägliches Spielen mit Ihrer Katze ist daher der Grundstein für jede harmonische Mensch-Tier-Beziehung. Wenn Sie darauf achten, dass Ihre Katze Ihre Energien im Spiel abbauen kann, werden Ihre Beine als Jagdobjekt erheblich uninteressanter. Vor allem so genanntes „interaktives Spielzeug", das gemeinsam von Mensch und Tier benutzt wird, kann hier Abhilfe schaffen. Ihre Katze wird begeistert sein, wenn Sie „leblose" Fellmäuse zum Leben erwecken, indem Sie diese an einer Schnur hinter sich herziehen oder gar in die Luft werfen, damit Ihre Katze hinterherjagen kann. Für die Zeit, in der Sie außer Haus sind, beugen Sie der Langeweile Ihres Stubentigers mit katzengeeignetem Spielzeug vor, oder verstecken Sie Trockenfutter in der Wohnung, welches die Katze erbeuten kann.

Ein Blick sagt mehr als 1000 Worte.

TIPP

Täglich eine Stunde
Spielen Sie mehrmals täglich für kurze Zeit mit Ihrer Katze. Die empfohlene Spieldauer beträgt insgesamt etwa eine Stunde pro Tag.

Aggression als Strategie

Katzen sind ausgesprochen intelligente Tiere und lernen schnell, Aggression gegen den Menschen auch als Mittel zum Zweck einzusetzen. Man bezeichnet dies als instrumentelle Aggression. Kommt Ihre Katze eines Nachts auf die Idee, nach Ihren Füßen unter der Bettdecke zu angeln und versuchen Sie, diese spielerische Attacke zu stoppen, indem Sie Ihrer Katze einen Leckerbissen geben, dann wird Ihrer Katze Folgendes beigebracht: Für Attacken auf die Füße gibt es zusätzliche Leckerbissen!

Möglichst nicht reagieren Wenn Sie – weil Sie ja schlafen wollen – aufhören, nachts Leckerbissen auszuteilen, werden sich die aggressiven Attacken auf Ihre Füße zunächst verstärken. Denn im Fall der instrumentellen Aggression wird die Katze ihre Methode, an Leckereien heranzukommen, noch einige Zeit austesten. Das macht die Sache nicht leichter. Doch so schwer es Ihnen fällt und so intensiv die Attacken der Katze auf Ihre Füße auch sein werden: Sie müssen sie ignorieren, um dieses Verhalten zu beenden. Auch jede andere Reaktion Ihrerseits, sei es Schreien, Schimpfen oder Ablenkung durch Spielzeug, bekräftigt das Verhalten Ihrer Katze und die Attacken verstärken sich. Wie so oft ist es auch hierbei wichtig, dass Ihre Katze tagsüber genügend Gelegenheiten hat, sich auszutoben.

Nicht anfassen!

Katzen können aggressiv reagieren, wenn der Mensch sie gegen ihren Willen hochhebt oder ihre Körpersignale, das Spiel oder das Streicheln zu beenden, missachtet. Durch einen Pfotenhieb – noch ohne Krallen – oder einen anfänglich sanften Biss wird Ihre Katze Ihnen zu verstehen geben, dass sie nun ihre Ruhe möchte. Das ist das Signal aufzuhören. Kommen Sie der Aufforderung nicht nach, muss sie deutlicher werden und ihre Krallen und Zähne richtig einsetzen. Streicheln Sie dennoch weiter, dann wird sich die Katze in ihrem aggressiven Verhalten bestätigt fühlen.

Gerade Kinder müssen lernen, wie man eine Katze richtig hochhebt. Diese Katze gehört zu den gutmütigen Exemplaren und hält still.

WICHTIG

Richtig hochheben
So heben Sie Ihre Katze richtig hoch: Schieben Sie eine Hand unter die Vorderbeine der Katze, so dass Sie ihren Brustkorb halten. Die zweite Hand schieben Sie unter das Hinterteil der Katze und stützen es.

Schmerzaggression Zeigt Ihre Katze auf Berührung an einer bestimmten Körperstelle immer wieder aggressives Verhalten, dann sollten Sie Ihren Tierarzt aufsuchen. Verschiedene Erkrankungen wie neurologische Störungen im Zusammenhang mit Parasitenbefall oder Tollwut, Felines Urologisches Syndrom, Tumore oder andere schmerzhafte Erkrankungen können das Tier bei Annäherung oder Berührung zu aggressiven Reaktionen veranlassen. Auch in Schocksituationen, zum Beispiel nach einem Autounfall, können Katzen mit aggressivem Verhalten reagieren.

Wutsyndrom

„Idiopathische Aggression" heißt dieses manchmal in der Literatur erwähnte Verhalten. Es beschreibt aggressive Verhaltensweisen der Katze, die nicht auf organisch bedingte Ursachen, defensive oder offensive Aggression zurückzuführen sind. Die aggressiven Attacken der Katze auf den Halter sind ernsthafter Natur und erscheinen grundlos. Das „Wutsyndrom" tritt selten auf und in den meisten Fällen lassen sich, mit der Hilfe von Experten, die Ursachen für einen vermeintlich unbegründeten Angriff der Katze ermitteln.

Aggression hat immer eine Ursache.

Mein Revier!

Aggression gehört zum normalen Sozialverhalten der Katze, vor allem wenn sich Geschlechtsgenossen aus verschiedenen Gruppen begegnen. In freier Wildbahn können Katzen einander ausweichen und andere Wege gehen, wenn sie sich nicht begegnen wollen oder einen Kampf vermeiden möchten. Für Wohnungskatzen ist das dagegen unmöglich. Hier bestimmt der Mensch, welche Tiere ihr ganzes Leben und auch ihr Revier miteinander teilen müssen – oft ohne Rücksichtnahme auf die betroffenen Vierbeiner. Fehlen zudem Rückzugs- sowie Ausweichmöglichkeiten für die Tiere, sind Stress und Streitereien vorbestimmt.

▸ **Territoriale Aggression** Verdonnert man eine kontaktfreudige Katze zum Zusammenleben mit einem Einzelgänger, der in seiner Kindheit keinen ausreichenden Kontakt zu Artgenossen hatte, kann dies Katzenkrieg bedeuten. Da der Einzelgänger nicht gelernt hat, Artgenossen zu tolerieren, wird er immer sein Revier verteidigen wollen. In der Wohnung kommt es zu „grundlosen", aber heftigen Attacken auf den Kameraden. Man spricht hier von territorialer Aggression. Bezeichnend dafür ist, dass das angreifende Tier vor der Jagd auf das andere Tier und während dieser Attacken keinerlei Furcht zeigt. Häufig scheint der Angreifer die Konfrontation zu suchen oder wartet vor dem Versteck des Opfers auf die nächste Möglichkeit zum Angriff.

▸ **Der Mensch muss schlichten** Auf jeden Fall sollte man versuchen, die Katzen gemeinsam zu füttern und zu gemeinsamen Spielen zu animieren. Der Halter darf auf keinen Fall für eine der beiden Katzen Partei ergreifen. Sozialisierte Katzen machen die Rangordnung, die meistens durch Größe und Alter bestimmt wird, untereinander aus. Ist die Rangordnung geklärt, lassen Revierkämpfe nach – nur ab und zu wird „getestet", ob die Übereinkunft noch für alle gültig ist. Ist ein nicht sozialisierter Einzelgänger an der Auseinandersetzung beteiligt, kann es durchaus sein, dass sich kein friedliches Zusammenleben der beiden Katzen einstellt.

> **WICHTIG**
>
> *Aggressivität*
> *Das Ausmaß der Angriffsbereitschaft eines Tieres wird als Aggressivität bezeichnet. Bestimmte Umweltbedingungen und frühkindliche Erfahrungen beeinflussen die Angriffsbereitschaft, also die Aggressivität eines Tieres. Aggressivität ist nicht gleichbedeutend mit Aggression.*

Umgerichtete Aggression

Kann ein Tier seine Aggression nicht auf das gewünschte Ziel richten, so kann es zu einer Umorientierung dieser Aggression auf ein anderes Lebewesen kommen. Ein Beispiel hierzu: Sie haben zwei Katzen, Leo und Lena. Leo liebt es, vormittags am Fenster zu sitzen und zu beobachten, was im Garten passiert. Da kommt die verhasste Nachbarskatze vorbei und spaziert durch Leos Garten. Leo beginnt zu knurren und zu fauchen. Am liebsten möchte er den Eindringling aus seinem Garten verjagen – doch die Fensterscheibe verhindert dies. Genau in dieser Sekunde taucht Lena auf, die auch noch etwas Morgensonne abbekommen möchte. In diesem Moment dreht sich Leo um und attackiert Lena mit lautem Fauchen. Lena zeigt vor Angst eine ebenso starke Gegenwehr. Im besten Fall bleibt es bei dieser einen Auseinandersetzung zwischen Leo und Lena. Im schlimmsten Fall entwickelt sich daraus plötzlich eine „Feindschaft" und weitere Auseinandersetzungen folgen. Dann müssen Sie die beiden Tiere wieder an friedvolles Zusammenleben gewöhnen. Versuchen Sie, Leo und Lena nebeneinander zu füttern und zu gemeinsamen Spielen zu ani-

mieren. (Lesen Sie dazu bitte das Kapitel „Die Zweitkatze", Seite 143)

Zusammenfassung Aggression
1. **Aggression verstehen:** Muss die Katze sich selbst oder ihre Jungen oder ihr Revier verteidigen? Tritt die Aggression in Konkurrenzsituationen auf? Hat die Katze Angst oder gar Schmerzen?
2. **Aggression erkennen:** Achten Sie auf die Körpersprache Ihrer Katze! Sie zeigt deutlich, wann sie zubeißen oder ihre Krallen gebrauchen wird.
3. **Aggression unterscheiden:** Reagiert die Katze auf das Verhalten eines Artgenossen oder eines Menschen aggressiv? Oder ist die Katze Initiator einer aggressiven

Gerade junge Katzen wissen nicht, wann genug ist.

Attacke? Handelt es sich um spielerische Aggression? Setzt die Katze eine aggressive Verhaltensweise ein, um ein bestimmtes Ziel zu erreichen? Oder handelt es sich um einen Fall umgerichteter Aggression unter Katzen?

4. **Aggression vermeiden:** Richtiges Spielen und korrektes Hochheben der Katze vermeidet Bisse und Kratzer. Durch Rückzugsmöglichkeiten lassen sich eventuelle Angriffe reduzieren.
5. **Richtiges Vorgehen bei aggressiven Attacken:** Die von einer aggressiven Katze ausgehende Gefahr sollte nicht unterschätzt werden. Lassen Sie die Katze erst zur Ruhe kommen.

Angsthase Katze

Sehr viele Tierhalter beschreiben ihre Katze als ängstlich. Dabei gibt es bei Katzen große individuelle Unterschiede bezüglich Sensibilität gegenüber Umweltreizen, Geselligkeit oder Freundlichkeit gegenüber anderen Tieren oder Menschen! Häufig werden als Gründe für ängstliches Verhalten der Kontakt mit fremden Personen oder Kindern, Lärm, andere Tiere, Autofahrten, aber auch Ausflüge ins Freie angegeben. Je mehr Erfahrungen das Kätzchen sammeln konnte, desto weniger Angst zeigt die erwachsene Katze im Umgang mit Mensch und Tier und bei neuen Umwelteindrücken.

CHECK

Wovor hat Ihre Katze Angst?

☐ Ihre Katze ist von Natur aus ängstlich.

☐ Sie fürchtet sich vor unbekannten Menschen, Gegenständen oder Geräuschen.

☐ Alltägliche Dinge im Haushalt wie Staubsauger oder Mixer machen ihr Angst.

☐ Sie hat negative Erfahrungen gemacht.

☐ Sie hat Angst vor einem bestimmten Menschen aufgrund von Bestrafung oder grobem Umgang mit dem Tier.

Desensibilisierung und Gegenkonditionierung

Diese Methoden werden bei der Behandlung von Ängsten eingesetzt. Die Katze wird der Situation oder den Gegenständen näher gebracht, die ihr normalerweise Angst machen. Ein langsames, schrittweises Vorgehen ist für den Erfolg der Behandlung von Bedeutung. Die Katze darf in diesen „Annäherungsphasen" zwar unsicher auf die Situation reagieren, jedoch keine ängstlichen Verhaltensweisen zeigen. Man spricht von einer Gegenkonditionierung, wenn zudem positive Erlebnisse mit dem Angst auslösenden Gegenstand gekoppelt werden, um den Gewöhnungsprozess zu beschleunigen. Ein Beispiel: Ihre Katze lässt sich nicht bürsten und reagiert mit Fauchen und Kratzen, sobald Sie sich mit der Bürste nähern. Legen Sie die Bürste in einiger Entfernung zur Katze auf den Boden, gerade so weit entfernt, dass die Katze nicht faucht, wenn sie die Bürste sieht. Bringen Sie die Bürste in den nächsten Tagen schrittweise immer näher an die Katze heran. Die Katze kann mit der Bürste berührt werden, wenn das Tier bei den täglichen Annäherungsphasen keine ängstliche Reaktion gezeigt hat. Wenn das Zeigen der Bürste noch mit der Gabe von einem Leckerbissen gekoppelt wird, dann wird Ihre Katze die Fellpflege bald als positives Ereignis werten.

Angst vor einem Familienmitglied

Die Angst vor Fremden wird von den meisten Haltern als normale Verhaltensweise akzeptiert. Die Angst der Katze vor einem bestimmten Familienmitglied stellt jedoch oft ein Verhaltensproblem dar. Die Katze meidet entweder den betreffenden Menschen oder zeigt eindeutig ängstliche Verhaltensweisen, wenn dieser Mensch zu nahe kommt. Für die Katze bedeutet diese Angst eine ständige Belastung in ihrem Leben – also Stress – und für den „beängstigenden" Menschen sowie den Rest der Familie meistens ebenso.

▸ **Nach Gründen suchen** Oftmals entsteht Angst vor einem bestimmten Familienmitglied, weil die Katze von dieser Person bestraft – z. B. weil sie außerhalb der Katzentoilette uriniert oder an verbotenen Gegenständen gekratzt hat –, gegen ihren Willen festgehalten oder zu grob mit ihr gespielt wurde. Viele Halter meinen, das ängstliche Verhalten der Katze dann durch Streicheln oder Festhalten verringern zu können. In der Regel geschieht das jedoch gegen den Willen der Katze und verstärkt das Problem nur noch.
Manchmal wurde auch ganz unabsichtlich eine Angstreaktion der Katze belohnt. Nämlich dann, wenn Sie versucht haben, die Katze mit einem Leckerbissen von ihrer Angst abzulenken.

▸ **Die Beziehung verbessern** Um der Katze zu helfen, ihre Angst vor einem bestimmten Menschen

Katzen verabscheuen jede Art von Zwang.

abzulegen, muss die Mensch-Tier-Beziehung zwischen der Katze und der „beängstigenden" Person verbessert werden. Bestrafungs- und grobe Erziehungsmethoden müssen sofort eingestellt werden. Die Rückzugsplätze der Katze müssen strikt respektiert werden, wenn sich das Tier dorthin verkrochen hat. Zwingen Sie ihr den Kontakt zu der gefürchteten Person nicht auf. Dafür sollte das gefürchtete Familienmitglied eine Zeit lang als Einziger die Katze füttern und ihr Leckerbissen geben. Und auch mit spielerischen Aktivitäten sollte der „Gefürchtete" versuchen, wieder das Vertrauen der Katze zu gewinnen.

Angst vor der Transportbox

Sehr viele Katzen nehmen Reißaus, wenn die Transportbox auftaucht, denn dann geht es meistens zum Tierarzt. Wenn Sie schnell genug sind, werden Sie Ihre Katze vielleicht einmal überlisten können und sie in den Transportkorb bekommen. Aber schon beim zweiten Mal stehen die Chancen schlecht: Mieze wird Reißaus nehmen, sich verkriechen und mit allen vier Pfoten samt Krallen gegen das Einsteigen in die Transportbox Einspruch erheben.

▸ **Sanfte Gewöhnung** Die einfachste Methode ist, Ihre Katze mög-

Der Weidenkorb wird gern als Transportkorb verwendet. Praktischer und hygienischer sind Kunststofftransportboxen, die im Bedarfsfall auch von oben zu öffnen sind.

lichst schon im Vorfeld – im besten Falle bereits als Kätzchen – an die Transportbox zu gewöhnen. Lassen Sie die Box mit geöffneter Tür längere Zeit in der Wohnung stehen. Sorgen Sie bitte dafür, dass die Tür nicht versehentlich zufallen kann, wenn Ihre Katze die Box beschnüffelt.
Nach und nach können Sie beginnen, eine Spielmaus oder einen Leckerbissen in die Box zu legen. Warten Sie ab, bis Ihre Katze sich das Spielzeug oder Leckerchen nehmen möchte. Ihre Neugier wird sie treiben und so geht sie ganz von allein und freiwillig in die Box. Dabei stellt sie fest: Keine Gefahr.

▶ **Tür zu** Nach einiger Zeit können Sie die Tür der Transportbox für einige Sekunden schließen, wenn die Katze darin ist. Wenn Sie die Katze wieder herauslassen, belohnen Sie das Tier gleich mit viel Lob und einem Leckerbissen. Verlängern Sie die Zeitspanne, in der die Tür geschlossen ist, ganz langsam. Schließen Sie die Tür der Box aber nicht jedes Mal, wenn Ihre Katze in der Box ist. Die Katze soll das Hineingehen in die Transportbox nicht mit der sich jedes Mal schließenden Tür verbinden.
Später können Sie die Katze auch für ein bis zwei Minuten in der Box lassen und diese ein wenig in der

> **TIPP**
>
> *Die Katze bestimmt das Tempo*
> *Achten Sie bei der Übung mit der Transportbox unbedingt auf die Körpersprache Ihrer Katze! Gehen Sie die Übung nicht zu schnell an und zwingen Sie Ihre Katze zu nichts!*

Wohnung herumtragen. Und danach wird natürlich sofort wieder belohnt.
Die Methode der „sanften Gewöhnung" ist auch für Katzen geeignet, die schon die Erfahrung gemacht haben, dass es in der Transportbox häufig zum Tierarzt geht und es eventuell schmerzhaft werden kann.

▶ **„Rückwärts einparken"** Für Gefahrensituationen, in denen es leider nicht möglich ist, die Katze langsam mit einem Leckerchen in die Box zu locken, verrate ich Ihnen einen meiner Tricks: Setzen Sie die Katze mit dem Hinterteil zuerst in die Box. Die meisten Katzen sind durch die neue Art und Weise, in die Box zu gelangen, so erstaunt, dass Sie in der Regel keine Gegenwehr zeigen. Zu oft sollten Sie aber auch diese Vorgehensweise nicht anwenden, denn Ihre Katze lernt schnell!

Sauberkeit –

Unsauberkeit

So stellt man sich das Zusammenleben mit seiner Katze vor: Ihr Stubentiger streicht Ihnen um die Beine, springt für eine gemeinsame Schmusestunde auf Ihren Schoß und bedankt sich mit einem Schnurren. Doch was tun, wenn Ihre Katze plötzlich beginnt, Teppich oder Parkettboden mit der Katzentoilette zu vertauschen und sich übler Geruch in der Wohnung verbreitet?

Problem Nr. 1

Gerade bei Katzen steht Unsauberkeit an erster Stelle der Verhaltensprobleme im menschlichen Haushalt. Damit befindet sich die Mensch-Tier-Beziehung auf einem Tiefpunkt. Verzweifeln Sie nicht, wenn Ihre Katze Ihre Wohnung als riesige Katzentoilette benutzt, denn es gibt Wege aus der Unsauberkeit! Auf keinen Fall ist die Abgabe Ihrer Katze in ein Tierheim die Lösung. In diesem Kapitel möchte ich Ihnen das natürliche Ausscheidungsverhalten von Katzen in freier Natur, die Ursachen für Unsauberkeit sowie Problemlösungen vorstellen.

Abstand muss sein

Bei frei lebenden Katzen wurde beobachtet, dass sie Kot und Urin nie an derselben Stelle absetzen, sondern einen Abstand von einem bis zu zwanzig Metern einhalten. Diverse Studien haben ergeben, dass Bauernhofkatzen oder wild lebende Katzen zwar nicht immer feste Plätze zum Absetzen von Kot oder

Urin haben, jedoch niemals ihre Futter- oder Ruheplätze beschmutzen. Wie Sie schon erfahren haben, bildet das artgerechte Verhalten, das die Katze in freier Natur zeigt, die Grundlage für artgerechte Bedingungen im Lebensraum mit dem Menschen. Machen Sie sich also diese Erkenntnisse zunutze.

Mindestens zwei Katzenklos Um einer artgerechten Haltung zu entsprechen, sollten einer Wohnungskatze deshalb zwei Katzentoiletten zur Verfügung stehen. Bei mehreren Katzen gilt die Regel: für jedes Tier eine Toilette. Auch frei laufende Katzen, die eigentlich die Möglichkeit haben, ihre Ausscheidungen im Freien abzusetzen, benötigen eine Katzentoilette im Haus, wenn sie nur dann nach draußen können, wenn ihnen ihr Mensch die Tür öffnet. Noch mehr zum Thema Katzenklo lesen Sie ab S. 204.

Die *meisten* Katzen verscharren

In unseren Breitengraden wird der Kot meistens verscharrt. Dagegen wird in heißen Gebieten mit trockenem und steinigem Boden der Kot nicht vergraben. Die Ursache: Aufgrund der Bodenbeschaffenheit ist das Verscharren nicht möglich.

Warum? Man vermutet zwei Gründe dafür, dass Katzen ihren Kot verscharren: Es soll verhindert werden, dass sich Geruch, aber auch Krankheitserreger oder Parasiten ausbreiten. Zum anderen kommt auffällig hinterlassenen, also nicht verscharrten Kothäufchen eine wichtige Kommunikationsrolle zu. Nicht nur Harn-, sondern auch Kotmarkierungen dienen dazu, das Revier, zur Vermeidung unerwünschter Begegnungen, zeitlich und räumlich zu strukturieren.

TIPP

Warum verscharrt meine Katze nicht?
Verscharrt Ihr Tier den Kot nicht in der Katzentoilette, so ist er oder sie wahrscheinlich der/die Ranghöchste im Katzenrudel und demonstriert so seine/ihre Stärke. Haben Sie nur ein Tier, kann ein Nicht-Verscharren des Kotes auch auf Probleme in Ihrer Mensch-Tier-Beziehung hinweisen.

Nach dem Verscharren von mehreren Seiten erfolgt die Kontrolle.

Zeichen der Unsauberkeit

Jetzt fragen Sie sich wahrscheinlich: Wem ist die Pfütze auf dem Teppich oder das kleine Häufchen auf dem Parkettboden als Erscheinungsbild der Unsauberkeit nicht bekannt? Die Unterscheidung zwischen Unsauberkeit und Urinmarkieren ist jedoch wichtig, um die richtigen Verhaltensmaßnahmen setzen zu können.

▸ **Unsauberkeit oder Markieren?**
Als Unsauberkeit bezeichnet man das sichtbare oder versteckte Absetzen von Urin und/oder Kot an verschiedenen Orten außerhalb der Katzentoilette. Die Katze kotet oder harnt oft auch neben die Katzentoilette oder auf deren Rand. Die Katze benutzt die Katzentoilette selten oder überhaupt nicht mehr. Im Gegensatz dazu wird beim Harnmarkieren die Katzentoilette von der Katze weiterhin regelmäßig benutzt. Liegen für die Unsauberkeit Ihrer Katze keine gesundheitlichen Gründe vor, handelt es sich um ein Verhaltensproblem. Markiert Ihre Katze oder Ihr Kater, ist dieses Verhalten für Sie als Tierhalter zwar unerwünscht, aber dennoch artgerecht und natürlich. Mehr zum Thema Markieren finden Sie ab Seite 212.

Plötzlich unsauber?!

Eine Katze, die unsauber ist, signalisiert, dass sie ein gesundheitliches, seelisches oder „katzenklobedingtes" Problem hat. Die Gründe für das Entstehen von Unsauberkeit kann man in zwei große Kategorien einteilen: in organische sowie umwelt- und verhaltensbedingte Ursachen. Bevor Sie an verhaltensbedingte Gründe für die Unsauberkeit Ihrer Katze denken, muss Ihr Tierarzt eine Erkrankung als mögliche Ursache für die Unsauberkeit ausgeschlossen haben. Körperliche Ursachen, die Unsauberkeit zur Folge haben, müssen ernst genommen werden.

CHECK

Körperliche Ursachen für Unsauberkeit

Nachfolgend einige Faktoren, die den Verdacht auf diverse Erkrankungen des Ausscheidungs- oder Geschlechtsapparates oder Inkontinenz infolge von Altersschwäche verstärken. Sie machen einen Besuch beim Tierarzt unbedingt erforderlich!

- [ ] Die Katze verschmutzt Schlaf-, Liege- oder Fressplatz.
- [ ] Kot und Urin werden während des Schlafs abgesetzt.
- [ ] Es scheint, als wäre sich die Katze nicht über den Urin- oder Kotabsatz bewusst.
- [ ] Die Katze war über Jahre hinweg 100%ig stubenrein.
- [ ] Die Katze schreit beim Absetzen von Kot oder Urin vor Schmerz.
- [ ] Sie haben Blut im Urin oder Kot entdeckt.
- [ ] Die Katze leckt sich vermehrt die Genitalregion.

Treffen ein oder mehrere Faktoren zu, dann lassen Sie bitte von Ihrem Tierarzt abklären, ob körperliche Erkrankungen für die Unsauberkeit verantwortlich sind. Nur wenn dies nicht der Fall sein sollte, ist der Tierpsychologe der richtige Ansprechpartner für Sie!

▶ **Krankheit als Ursache** Wenn eine Erkrankung das Unsauberkeitsproblem Ihrer Katze verursacht hat, kann es sein, dass Ihre Katze die Toilette auch nach erfolgreicher Genesung weiterhin meidet. Ihre Katze verbindet die negative Erfahrung des Schmerzes beim Wasserlassen mit dem Benutzen der Toilette – sie hat eine Katzentoiletten-Aversion entwickelt! In diesem Fall müssen Sie besonders behutsam vorgehen, damit die Katze ihre Toilette wieder benutzt.

▶ **Umwelt als Ursache** Wie aus der Checkliste „umwelt- und verhaltensbedingte Ursachen für Unsauberkeit" hervorgeht, ist jeder der dort genannten Punkte ein Stressfaktor, der auf das Tier einwirkt. Da Katzen sehr anpassungsfähige Tiere und in der Lage sind, einige Zeit mit Stress umzugehen, benötigt es oft mehrere Stressfaktoren, die dazu führen, dass die Katze ihre Toilette nicht mehr benutzt. Jedem Unsauberkeitsproblem geht daher eine längere Entstehungsgeschichte voraus, die es in detektivischer Kleinarbeit aufzudecken gilt. Ihre Mitarbeit und Geduld ist für den Therapieerfolg von umwelt- und verhaltensbedingter Unsauberkeit ausschlaggebend. Nehmen Sie Ihre Katze mit ihren Problemen ernst!

CHECK

Umwelt- und verhaltensbedingte Ursachen für Unsauberkeit

Ist Ihre Katze gesund, verursachen oft folgende Faktoren die Unsauberkeit:

- [ ] Unzureichende Fürsorge und nicht artgerechte Haltungsbedingungen
- [ ] Bestrafungen und falsche Erziehungsmethoden
- [ ] Falsch aufgebaute Mensch-Tier-Beziehung
- [ ] Mangelnde Kenntnis über das natürliche Verhalten der Katze
- [ ] Faktoren rund um die Katzentoilette: Standort, Größe, Aufsatz, Reinigung, Einstreu …
- [ ] Einschneidende Veränderungen in der Umgebung der Katze: Umzug oder Umbau, veränderte Mensch-Tier-Beziehungen (neuer Partner des Halters, Scheidung, Todesfall in der Familie, Familienzuwachs), veränderte Arbeitszeiten des Halters oder die Ankunft einer neuen Katze
- [ ] Konditionierte Angstreaktion durch ein fluchtauslösendes Ereignis (die Katze wurde z. B. durch ein lautes Geräusch erschreckt, als sie auf der Toilette war)
- [ ] Andere Verhaltensprobleme, z. B. traut sich die Katze aus Angst vor einer anderen Katze nicht mehr, ihr Versteck zu verlassen, um die Katzentoilette aufzusuchen

Vor allem kleine Kätzchen wälzen sich gern in der Einstreu.

Katzenklo – das A und O

Die beste Vorbeugung gegen Unsauberkeit ist eine Katzentoilette, die Ihre Katze auch akzeptiert. Die folgenden Hinweise sollen Ihnen helfen, Ihrer Katze ein annehmbares „stilles Örtchen" zu schaffen. Die Katzentoilette hat nämlich einen hohen sozialen Stellenwert für die Katze! Nicht nur der Anzahl der Katzentoiletten und ihren Standorten kommt eine große Bedeutung zu, sondern auch dem Toilettenmodell, der richtigen Reinigung und der Einstreu!

Standort

Die Plätze für die Kistchen müssen sorgfältig ausgewählt werden. Katzen sind gern ungestört bei der Erledigung des „wichtigsten Geschäfts". Besonders belebte Plätze in der Wohnung oder Stellen mit „Durchgangsverkehr" eignen sich daher nicht als Standorte für die Katzentoiletten. Auch Katzen lieben eine entspannte Privatsphäre auf der Toilette.

▶ **Gut zugänglich!** Die Toilette sollte für die Katze leicht und jederzeit zugänglich sein. Katzentoiletten haben auf Schränken oder auf Mauervorsprüngen in zwei Metern Höhe nichts verloren. Stellen Sie sich vor, Sie müssten, um auf die Toilette zu gelangen, erst auf einen Schrank klettern!

▶ **In Bad und WC alles okay?** Wenn Sie die Katzentoilette im Bad oder WC aufstellen, dann bedenken Sie bitte, dass die Tür für die Katze jederzeit geöffnet sein sollte. Es ist außerdem schon vorgekommen, dass die Katze beim Benutzen des Kistchens unabsichtlich nass gespritzt wurde, als Frauchen geduscht hat. Die Katze verbindet die Wasserspritzer mit ihrer Toilette und wird sich hüten, diese noch einmal zu benutzen, wenn sie dabei Gefahr läuft, Wasser abzubekommen.

▶ **Abstand** Die Katzentoiletten können durchaus in näherer Umgebung zueinander aufgestellt wer-

Nicht alle Plätze sind für das Aufstellen von Katzentoiletten geeignet.

Katzen sind ausgesprochen reinliche Tiere.

den, da jede von ihnen eine eigene Örtlichkeit für die Katze bedeutet. Steht eine der beiden Toiletten an einem recht weit entfernten Platz, stellt die Katze eine Kosten-Nutzen-Rechnung auf und benutzt nur die Toilette, die am leichtesten zu erreichen ist. Wenn Sie die Katzentoiletten in den Keller oder auf den Dachboden verbannen, wird Ihre Katze sich einen für sie leichter erreichbaren Platz aussuchen und das könnte auch der Wohnzimmerteppich sein.

▶ **Größe** Generell gilt: Je größer, desto besser und komfortabler für die Katze. Eine Mindestgröße von ca. 40 x 50 cm sollten Sie auf jeden Fall einhalten. Katzentoiletten in der Form eines Dreiecks sind meistens zu klein und daher ungeeignet.

Das *passende* Modell

Lassen Sie sich beim Kauf einer Katzentoilette von deren Funktionalität für die Katze leiten. Eine Designerkatzentoilette, die für uns Menschen optisch ansprechend ist, muss nicht für Ihre Katze geeignet sein!

> **TIPP**
>
> *Schlaf- und Futterplätze*
> *Da freilaufende Katzen niemals ihre Schlaf- oder Futterplätze mit Urin und/oder Kot verunreinigen, sollten die Katzentoiletten nie neben dem Futter-, Trink- oder Schlafplatz aufgestellt werden.*

Mit oder ohne Aufsatz Kleiner Aufsatzrand oder Toilettenaufsatzhaube mit Klapptür? Toiletten mit einem kleinen Aufsatzrand verhindern, dass die Körnchen der Einstreu von der Katze aus der Toilette befördert werden. Gehört Ihre Katze jedoch zu den Bauarbeitern in der Katzentoilette, die ihr Kistchen mehrmals täglich umgraben, könnte eine Toilette mit Aufsatz die bessere Lösung sein. Überprüfen Sie immer, ob der Rand beziehungsweise der Aufsatz mit dem unteren Behältnis der Katzentoilette dicht abschließt.
Die Höhe des Aufsatzes muss so gewählt werden, dass die Katze beim Urin- oder Kotabsatz bequem eine Hockhaltung einnehmen kann. Für Kater, aber auch Vertreter großer Rassen wie z. B. die Maine Coon sind die meisten Katzentoiletten mit Aufsatz nicht hoch genug. Bedenken Sie bitte auch, dass der Aufsatz der Katzentoilette den Geruch konzentriert und dies für empfindliche Katzennasen zur Belästigung werden kann und Probleme entstehen können.

Hindernis Tür Es gibt viele Katzen, die problemlos mit dem Aufsatz zurechtkommen, wenn Sie sich an die Hygieneregeln halten und das Lebensumfeld der Katze in Ordnung ist. Dagegen stellt die Klapptür oft ein Problem dar. Dem können Sie durch das Aushängen der Tür ganz einfach vorbeugen.
Haben Sie zwei Katzen, kann es außerdem passieren, dass eine Katze nach „getaner Arbeit" die Toilette verlassen möchte, während die zweite Katze das Kistchen durch die Klapptür betreten will. Die beiden Katzen treffen sich an der Klapptür und für die Katze, die sich in der Toilette befindet, ist der Ausgang versperrt. Das kann ein Schock für die Katze sein. Stellen Sie sich vor, Ihnen blockiert jemand die Tür, wenn Sie das WC verlassen möchten.

Mit oder ohne Aufsatz, das ist hier die Frage. Ihre Katze teilt durch Ihr Verhalten mit, welche Katzentoilette sie bevorzugt.

Sauberes Klo macht Katzen froh

▸ **Reinigung** Starker Geruch und Verschmutzung verleiden der Katze das Katzenklo. Die gesamte Toilette sollten Sie regelmäßig wöchentlich mit warmem Wasser und einem milden Reinigungsmittel waschen. Das tägliche Entfernen der verschmutzten Einstreu ist ein Muss. Ist Ihre Katze besonders geruchsempfindlich, sollten Sie die gebrauchte Einstreu sogar zwei- bis dreimal täglich entfernen. Scharf riechende Reinigungs- oder Desinfektionsmittel beleidigen die empfindliche Katzennase und machen das Katzenklo zur Tabuzone – also Finger weg von solchen Mitteln!

▸ **Einstreu** Die Streuhöhe sollte etwa sieben Zentimeter betragen. Einmal pro Woche wird die Streu komplett erneuert. Sparen Sie nicht an der Höhe der Einstreu. Ihre Katze liebt es, in der Toiletteneinstreu zu scharren.

Vielleicht akzeptiert Ihre Katze nicht jede Sorte Streu. Dann müssen Sie herausfinden, welche Einstreu sie bevorzugt. Gehen Sie dabei folgendermaßen vor: Belassen Sie in der einen Katzentoilette die bisher verwendete Einstreu und befüllen Sie die zweite Toilette mit der neuen Streu. Ihre Katze wird die Katzentoilette mit der bevorzugten Einstreu wesentlich öfters benutzen.

▸ **Keine Experimente!** Hat Ihre Katze ihre Lieblingsstreu gefunden, sollten Sie keine Versuche mit anderen Einstreusorten machen. Sie können sich leicht ein „Unsauberkeitsproblem" einhandeln, wenn die Katze die neue Einstreu nicht leiden kann und in Folge die Toilette nicht mehr benutzt. Vorsicht vor parfümierten Produkten: empfindliche Katzennasen mögen sie nicht.

Im Fachhandel gibt es verschiedene Sorten von Katzenstreu.

WICHTIG

Empfindliche Nasen
Die Katze verfügt über 60 bis 65 Millionen Geruchszellen, der Mensch über 5 bis 20 Millionen. Katzen sind daher sehr geruchsempfindliche Tiere – was „Toilettendüfte" anbelangt!

> **TIPP**
>
> **Kein Ammoniak**
> *Urinflecken auf Teppichen oder Polstermöbeln niemals mit ammoniakhaltigen Reinigungsmitteln entfernen, da die chemische Ähnlichkeit von Ammoniak und Urin die Katze zu weiteren Ausscheidungen auf diesem Platz anregt.*

Bei Unsauberkeit niemals bestrafen

Durch diverse Bestrafungsmaßnahmen, wie die Nase der Katze in Urin oder Kot halten, oder indem Sie Ihre Katze zum Verweilen auf der Toilette zwingen, verstärken Sie ihre Aversion gegen die Katzentoilette. Die Katze wird erst recht alles daran setzen, der gefürchteten Katzentoilette auszuweichen. Sie wählt neue Stellen, um ihr „Geschäft" zu erledigen, und entwickelt so eine Vorliebe für bestimmte Ausscheidungsplätze, wie z.B. Holz- oder Teppichboden. Jeder Klaps auf den Po für Missgeschicke außerhalb der Toilette oder andere Bestrafungen verschlechtern Ihre Mensch-Tier-Beziehung und begünstigen das Auftreten von ängstlichem Verhalten. Auch Fluchen und Schimpfen nach dem Entdecken einer Pfütze ist kontraproduktiv, weil die Katze dieses Schimpfen nicht mit ihrer „Tat" in Zusammenhang bringen kann.

▶ **Harmonie wieder herstellen** Sind doch schon Bestrafungsmaßnahmen erfolgt, ist es wichtig, dass Sie Ihre Mensch-Tier-Beziehung wieder ins richtige Lot bringen. Bitte denken Sie nicht, Ihre Katze sei aus Bosheit oder Rache unsauber. Wenn Katzen unsauber werden, dann ist dies als Hilfeschrei zu sehen! Das Unsauberkeitsproblem kann als Reaktion auf eine für die Katze störende Sache im Haus entstanden sein. Leider löst jedoch die Beseitigung dieses „Störfaktors" nicht automatisch das Verhaltensproblem.

▶ **Ein Fallbeispiel** Frau X muss einige Tage Überstunden machen, dadurch ist ihre Katze Minka täglich wesentlich länger allein zu Hause als normalerweise. In diesen Tagen beginnt Minka, die Katzentoilette nicht mehr zu benutzen, und hinterlässt ihre Pfützen auf Teppich und Parkettboden. Frau X betrachtet dieses Verhalten als Protest Ihrer Katze gegen das lange Alleinsein und nimmt an, dass Minka ihre Toilette wieder benutzen wird, wenn sie wieder zu den gewohnten Zeiten zu Hause ist. Trotz Rückkehr zum gewohnten Tagesablauf

hinterlässt Minka aber weiterhin überall in der Wohnung ihre Pfützen. Was ist passiert?
Der aufgrund der langen Arbeitszeiten von Frau X veränderte Tagesablauf für Minka war nur der sprichwörtliche Tropfen, der das Fass zum Überlaufen brachte. Frau X muss nun auch die anderen Faktoren ermitteln, die Minka gestresst und überfordert und somit die Unsauberkeit ausgelöst haben. Im Fall von Frau X und Minka waren dies ungünstige Bedingungen rund um die Katzentoilette (nur eine Toilette, mangelnde Reinigung) und eine falsch aufgebaute Mensch-Tier-Beziehung.

Die Katzentoilette attraktiv machen

Hat Ihre Katze eine Zeit lang die Katzentoilette mit dem Teppich oder dem Parkettboden vertauscht, dann hat sie für den Untergrund, den sie sich als Ausweichtoilette gewählt hat, eine Vorliebe, eine so genannte Präferenz, entwickelt. Es ist daher wichtig, die Präferenz der Katze wieder auf die Katzentoilette umzuleiten!

▶ Folien, Futterschüssel, Katzenklo

Um die Katze zu veranlassen, wieder ihre Katzentoilette aufzusuchen, muss die Oberflächenbeschaffenheit der bevorzugten Ausscheidungsoberflächen verändert werden. Eine mögliche Methode ist das Abdecken der bevorzugten Oberflächen mit diversen Folien.

Werden Katzen plötzlich unsauber, ist dies immer als Hilferuf zu sehen.

Vorsicht ist bei Plastikfolien mit ammoniakhaltigen oder säuerlichen Bestandteilen geboten. Diese Stoffe können die Katze erst recht zu Markierungen an den entsprechenden Stellen veranlassen. Es besteht auch die Möglichkeit, die Bedeutung der markierten Stelle durch Aufstellen einer Futterschüssel zu verändern, da Katzen normalerweise ihre Fressplätze nicht verunreinigen. Sehr oft ist es hilfreich, an dem bevorzugten Ausscheidungsplatz für einige Zeit noch eine zusätzliche Katzentoilette aufzustellen.

▶ **Ursachen abstellen** Ist die Unsauberkeit sekundär durch andere Verhaltensprobleme entstanden, muss zuerst die auslösende Ursache gefunden und beseitigt werden. Sonst sind alle Versuche, der Katze ihre Toilette wieder „schmackhaft" zu machen, von vornherein zum Scheitern verurteilt. Ein Beispiel: Es kommt immer wieder zu Revierstreitigkeiten zwischen Ihren beiden Katzen. Katze A kann die Katzentoilette nicht aufsuchen, weil Katze B ihr den Weg blockiert. Infolgedessen wird Katze A unsauber. Um diese Unsauberkeit in den Griff zu bekommen, müssen Sie also erst das Problem zwischen den beiden Katzen lösen, ehe Sie Katze A wieder an die Toilette gewöhnen.

1. Organische Ursache durch den Tierarzt ausschließen lassen.

2. Abklären, ob Unsauberkeit oder Urinmarkieren vorliegt
> Nimmt die Katze die für das Markieren typische Körperhaltung ein?
> Beim Markieren wird die Toilette weiterhin normal benutzt!
> Wurden je Gegenstände von Ihnen markiert?
> Gab es auch Kotabsatz außerhalb der Toilette?
> Wie oft finden Sie Urinpfützen außerhalb der Katzentoilette?

3. Katzentoilette überprüfen
> Standorte der Katzentoiletten überprüfen.
> Ist die Toilette groß genug?
> Toilettenaufsatz und Klapptür entfernen.
> Wird die Toilette täglich gereinigt?
> Werden scharfe Reinigungsmittel benutzt?

Erste-Hilfe-Fahrplan gegen Unsauberkeit

> Wurde die Einstreu wöchentlich gewechselt?
> Wurde die Einstreumarke gewechselt?
> Gibt es genügend Toiletten für alle Katzen?

4. Tatort beachten

> Wo wird Urin/Kot außerhalb der Toilette abgesetzt? Führen Sie eine Liste, wo und wann Sie Pfützen außerhalb der Toilette gefunden haben.
> Diese Aufstellung liefert wertvolle Informationen bei der Problemlösung.
> Wurden die verschmutzten Stellen richtig gereinigt? Verwenden Sie keine ammoniakhaltigen Reinigungsmittel!
> Hat die Katze eine Vorliebe für einen bestimmten Ausscheidungsplatz entwickelt?
> Haben Sie versucht, zusätzliche Toiletten aufzustellen?
> Wurde die betreffende Stelle bereits mit einer Folie oder Ähnlichem abgedeckt?
> Haben Sie die Katze an der betreffenden Stelle gefüttert?

5. Weitere Stressfaktoren berücksichtigen!

> Gibt es Rangordnungsprobleme zwischen zwei im Haushalt lebenden Katzen?
> Gibt es Tabuzonen in der Wohnung, die Ihre Katze nicht betreten darf?
> Wurde die Katze in irgendeiner Form bestraft?
> Gab es Veränderungen im Haushalt?
> Wie sieht die Mensch-Tier-Beziehung aus?
> Beschäftigen Sie sich täglich mit Ihrer Katze?

Auch Kätzchen lernen schnell, die Katzentoiletten zu benutzen.

> **WICHTIG**
>
> **Beziehung verbessern**
> Gleichzeitig mit der Behandlung von Ausscheidungsproblemen muss die Mensch-Tier-Beziehung verbessert werden, die meistens durch falsche Erziehungsmethoden und Bestrafung beeinträchtigt wurde. Der Einsatz von einer speziell auf das Tier zugeschnittenen „Spieltherapie" hat sich auf diesem Gebiet bewährt.

riechen oder wenn untereinander Rangordnungsschwierigkeiten bestehen. Unkastrierte Kater beginnen oft mit Eintritt der Geschlechtsreife und in der Paarungszeit mit dem Markieren, aber auch kastrierte Kater und Weibchen können Harn spritzen.

Die Katze beschnüffelt zuerst die Stelle, die sie markieren wird, bevor sie die dafür typische Körperhaltung einnimmt. Die Katze steht aufrecht und spritzt den Urin rückwärts, mit erhobenem Schwanz und stark zitternder Schwanzspitze. Manche Tiere gehen beim Urinspritzen in die Hocke, wie beim Urinieren. Meistens werden aufrechte Objekte, aber auch persönliche oder neue Gegenstände des Tierhalters markiert.

Im Gegensatz zur Unsauberkeit wird beim Harnspritzen die Kat-

Diese Katze hat gerade eine Duftmarke einer anderen Katze gelesen. Was wohl in dem Katzenmail stand? Vielleicht: „Halt – nicht weiter, denn ich bin in der Nähe!"

Markieren

Markieren und Unsauberkeit sollten nicht miteinander verwechselt werden. Gerade ängstliche oder unsichere Stubentiger beiderlei Geschlechts markieren, wenn sie Harnmarken einer anderen oder neuen Katze in der Nachbarschaft

> **WICHTIG**
>
> Beim Markieren handelt es sich um eine natürliche Verhaltensweise, die der Kommunikation unter Katzen dient. So unangenehm Markierverhalten im menschlichen Heim auch ist, wird es nicht zu den Verhaltensproblemen gezählt, sondern unter unerwünschtes Verhalten eingereiht. Hilfestellung dazu finden Sie ab S. 114.

Markieren

zentoilette weiterhin von den Tieren normal benutzt. Die ausgeschiedene Urinmenge kann nicht als Indikator für Unsauberkeit oder Urinmarkieren herangezogen werden, da durchaus auch mit größeren Mengen an Harn markiert werden kann.

▸ **Markieren ist normal!** Wie bereits erwähnt, ist die Kommunikation durch Gerüche recht starr, hat aber auch ihre Vorteile für die Katzen. Anhand von so genannten Pheromonen können die Tiere das Geschlecht, den hormonellen Status, die Bereitschaft zur Paarung und auch den Gesundheitszustand anderer Artgenossen erkennen. Katzen setzen wie Hunde Duftmarken ab, um die eigene Stärke zu demonstrieren.

▸ **Kommunikation im Revier** Auch unsere Hauskatzen mit mehr oder weniger Freilauf haben Reviere. Da diese keine festen Grenzen haben, sondern sich oft mit den Revieren anderer Katzen überlappen, werden Konfrontationen durch ein Zeit- und Raummanagement vermieden. Wenn kein Sichtkontakt gegeben ist, der dem Artgenossen signalisiert „Hier bin ich jetzt!", dann werden diverse Informationen über Duftmarkierungen übermittelt. Diese Kennzeichnungen des Reviers an auffälligen Stellen, wie an Steinen, Büschen oder Hauswänden, geben Aufschluss über die Identität des Revierinhabers, die Anwesenheit in einem bestimmten Bereich, den Zeipunkt des letzten Aufenthalts, aber auch über die Paarungsbereitschaft.

Der Revierinhaber beobachtet genau, ob seine Duftmarkierung gelesen wurde und die Drohung ernst genommen wird.

INFO

Ursachen für das Harnmarkieren

Folgende Faktoren sind oft dafür verantwortlich, dass die Katze mit dem Markieren beginnt:

> Hormonelle Einflüsse, z. B. das Erreichen der Geschlechtsreife oder der Beginn der Paarungszeit.

> Genetische Unterschiede zwischen den Individuen: Manche Tiere sind ängstlicher, manche selbstbewusster.

> Soziale Stimuli: Schwierigkeiten mit überlappenden Revieren, Harnmarken anderer Katzen in der Nachbarschaft, Rangordnungsschwierigkeiten.

> Andere Stimuli: einschneidende Veränderungen im Lebensumfeld der Katze (neuer Partner des Halters, Verlust einer Bezugsperson, Umzug etc.).

> Unbeabsichtigte Belohnung durch den Tierbesitzer als sekundär wirkende Ursache.

▸ **Verkehrsregelung** Befinden sich mehrere Katzen in einem Gebiet, so wird der Verkehr durch Duftmarkierungen mit „Stop-and-Go"-Funktion geregelt. Das Alter einer Markierung ist bedeutend für die Signalwirkung. Frische Urinmarkierungen sind „Stop"-Marken und verwandeln sich mit der Zeit in „Go"-Marken. Erwachsene männliche Tiere markieren häufiger mit Urin, wenn sie herumstreunen, weibliche Tiere hingegen markieren öfters, wenn sie sich auf der Jagd befinden. Die Botschaften dieser „Katzenmails" könnten sich folgendermaßen lesen: „Ich war vor einer Stunde hier – du kannst passieren!", oder: „Nicht weiter. Ich bin gerade in meinem Revier."

Was tun, wenn die Katze markiert?

Bedenken Sie bitte, dass Harnmarkieren eine normale Verhaltensweise der Katze und für diese ganz natürlich ist. Sie markiert, um zu kommunizieren, aber auch wenn sie sich gestresst oder bedroht fühlt oder ihre Stärke demonstrieren möchte. In jedem Fall ist es wichtig, genau wie bei einem Unsauberkeitsproblem, die Fürsorge- und Haltungsbedingungen zu überprüfen und optimale Verhältnisse rund um die Katzentoilette herzustellen. Bestrafen Sie Ihre Katze nicht, wenn Sie in der Wohnung markiert.

▸ **Geruch verhindern** Reinigen Sie markierte Stellen gründlichst, denn Geruchsreste können die

Katze zu weiteren Urinmarkierungen an dieser Stelle anregen. Wie bereits bei der Unsauberkeit besprochen, dürfen zur Beseitigung von Urinflecken auf Teppichen und Polstermöbeln nur milde und nicht ammoniakhaltige Reinigungssubstanzen verwendet werden. Hat Ihre Katze begonnen, Ihre Kleidung oder persönliche Gegenstände zu markieren, müssen Sie diese nach der Reinigung für die Katze unzugänglich weglegen oder in den Schrank hängen.

▶ **Auf frischer Tat ertappen** Wenn Sie Ihre Katze beim Markieren erwischen, klatschen Sie in derselben Sekunde laut in die Hände. Die Katze wird durch das unerwartete Geräusch erschrecken und ihr momentanes Verhalten unterbrechen. Diese Maßnahme ist aber nur sinnvoll, wenn Sie die Katze auf frischer Tat ertappen. Wenige Sekunden danach zeigt ein Erschrecken keinen Einfluss mehr auf die Katze, denn sie kann ihre Tat nicht mehr mit der „Strafe" verbinden.

Auch Wohnungskatzen, die die Möglichkeit zum Freilauf haben, kommunizieren über Harnmarkierungen mit ihren Artgenossen.

„Meine Duftmarkierung ist noch da!" Freilaufkatzen erneuern regelmäßig ihre Harnmarkierungen und kennzeichnen so die Grenzen ihres Reviers.

▸ **Schüsseln und Folien** Wie bei einem Unsauberkeitsproblem sollte die Bedeutung der markierten Stelle für die Katze verändert werden. Nach der gründlichen Reinigung können Sie markierte Stellen z. B. mit Alufolien abdecken. Sie verändern so die von der Katze für das Markieren bevorzugte Oberflächenstruktur und machen die Stelle für die Katze weniger attraktiv. Auch können markierte Stellen zu Fütterungsplätzen umfunktioniert werden, wenn Sie dort Futternäpfe mit Trockenfutter aufstellen und für einige Zeit stehen lassen. Katzen markieren nur selten in der Nähe ihres Fressplatzes und der durch Harnmarken gekennzeichnete Ort bekommt für die Katze eine andere Wertigkeit.

▸ **Fremde Katzen im Revier?!** Ist das plötzliche Auftauchen von Nachbars Katze für das Auftreten des Markierverhaltens verantwortlich? Gehört Ihre Mieze zu den Katzen, denen Freilauf möglich ist, so kann eine zeitweise Verlängerung oder Verkürzung des Freilaufs eine Verbesserung bringen. Haben Sie eine Wohnungskatze, die durch die Anwesenheit einer fremden Katze an der Balkontür oder am Fenster zu Urinmarkierungen angeregt wird, sollten Sie für einige Zeit die Sicht auf die fremde Katze verhindern. Bedecken Sie dazu die untere Hälfte des Fensters oder der Türe mit einer undurchsichtigen, aber lichtdurchlässigen Folie. So wird Ihr Stubentiger nicht mehr von dem „Eindringling" provoziert.

▶ **Tagebuch führen** Wie bei dem Problem der Unsauberkeit ist es auch bei unerwünschtem Markierverhalten hilfreich, Aufzeichnungen zu führen. Folgende Punkte sollte ihr „Pfützen-Protokoll" beinhalten: Wo wird markiert? Bevorzugte Markierobjekte sind Fenster und Türen sowie Fenster- und Türrahmen, Zimmerecken und Wände, Polstermöbel, Badezimmerteppiche, Bettwäsche sowie diverse getragene Kleidungsstücke, neue Gegenstände und intensiv riechende Objekte. Auch die Häufigkeit der Harnmarkierungen und der zeitliche Faktor spielen eine bedeutende Rolle: Notieren Sie daher bitte auch: Wie oft markiert Ihre Katze? Markiert Sie nur an bestimmten Wochentagen? Oder gar nur im Sommer oder Winter? Können Sie die Harnmarkierung mit einem Ereignis (Besuch, Randordnungskampf etc.) in Verbindung bringen? Alle Informationen können zur Klärung des Problems beitragen.

▶ **Kastration als Lösung?** Bei nicht kastrierten Katern kann eine Kastration Abhilfe schaffen. Gemäß diverser Statistiken soll die Erfolgsquote zur Reduzierung des Verhaltensproblems hoch liegen. Aber auch kastrierte Tiere können weiterhin Markierverhalten zeigen.

Eine fremde Katze im Revier kann für vermehrtes Markieren verantwortlich sein.

218

Jäger und

Feinschmecker

Sind unsere Stubentiger auch noch so verschmust, so sind Katzen dennoch Raubtiere geblieben. Erfahren Sie mehr über das Raubtier Katze, die richtige Reaktion auf Mäuse vor Ihrer Haustür und die Probleme, die sich aus dem Fressverhalten ergeben können.

Jagen liegt in den Genen

Jedes Kätzchen wird mit einem genetischen Grundprogramm „Jagd" geboren. Angeboren ist der Tötungsbissmechanismus. Er wird dadurch ausgelöst, dass die Katze bei ihrer Beute die Verjüngung der Körperform zwischen Kopf und Leib wahrnimmt. Die Katze platziert so den Biss auf dem hinteren Halsende. Ihre kräftigen Kiefer verletzen bzw. zerdrücken die Wirbelsäule der Beute, was den sofortigen Tod des Beutetiers zur Folge hat. Jagdliche Feinabstimmungen für alle in Betracht kommenden Beutetiere müssen dagegen erlernt und erarbeitet werden. Diese Kombination aus angeborenem „Grundprogramm" und erlernten Verhaltensergänzungen ist zum einen wirtschaftlich, da wenig Speicherplatz im genetischen Code erforderlich ist. Und zum anderen sichert sie das Überleben, da das Jagdverhalten der Katze an ihre jeweilige Umgebung angepasst werden kann: Wo gibt es die meiste Beute? Um welche Beutetiere handelt es sich?

Jagen lernen

Genetische Faktoren, soziale Bindungen und kindliche Erfahrungen spielen eine große Rolle bei der Entwicklung des Jagdverhaltens. Das kleine Kätzchen beobachtet Mama Katze beim Beute machen und kann eigene Erfahrungen sammeln, wenn Mama die Beute zum Üben mit nach Hause bringt.

▸ **Learning by doing** Mutterkatzen bringen ihre Beute zunächst tot zu ihren Jungen. Wenn die Katzenkinder vier Wochen alt sind, überlässt die Mutter ihnen lebende Beute, damit die Jungen das Setzen des Tötungsbisses üben können. Um den Verlust der Beute an die Artgenossen zu verhindern, ruft die Mutter noch mit der Beute im Maul mit einem charakteristischen Laut ihre Jungen. Kaum ist Mama mit der Maus da, beginnt die Konkurrenz zwischen den Jungtieren im Kampf um die Beute.

▸ **Übung macht den Meister** Damit kleine Kätzchen selbst einmal zu guten Jägern werden, müssen sie erst einige jagdliche Feinabstimmungen erlernen. Die richtige Koordination zwischen dem Erkennen der Beute, dem Einschätzen der Fangbarkeit und der Wahl der Fangtechnik entscheiden über Erfolg oder Misserfolg bei der Jagd. Erwachsene Katzen erlegen diejenigen Beutetiere am besten, die ihnen aus ihrer Jugendzeit und von ihrer Mutter bekannt sind und mit denen sie schon Erfahrungen sammeln konnten.

WICHTIG

Jagd und Ernährung müssen als voneinander unabhängige Verhaltensweisen betrachtet werden. Auch Katzen, die optimal von ihrem Besitzer ernährt werden, werden durch visuelle und akustische Reize zur Jagd motiviert. Es gibt keine Beweise dafür, dass eine hungrige Katze mehr Beute fängt als eine satte. Die Neigung zum Beutefang und der Erfolg dabei entstehen durch Erfahrungswerte, werden durch die Mutter und Wurfgeschwister beeinflusst und sind von erblichen Faktoren sowie vom Talent abhängig.

Anschleichen auf leisen Pfoten will gelernt sein.

Jagdszenen aus dem Katzenleben

Für Raubtiere, wie es unsere Katzen sind, gehört Jagen zum artgemäßen Verhalten. Einer der Hauptgründe für die Domestizierung der Katze, die vor Jahrtausenden im alten Ägypten begann, ist ihr Talent als wendige und erfolgreiche Jägerin von „Schädlingen". Nach Gestalt und Verhalten ist die domestizierte Katze ein Nachfahre der nordafrikanischen Falbkatze *Felis silvestris lybica*. Zwischen der domestizierten Katze und ihrer Stammform sind keine großen Unterschiede festzustellen. Beachtlich ist, dass Katzen durch ihre Jagdfähigkeiten relativ problemlos in ihre ursprüngliche Wildheit zurückkehren und in der Natur ohne Hilfe des Menschen zurechtkommen können.

▶ **Jagdzeiten** Im Allgemeinen wird die Katze als dämmerungs- oder nachtaktiv eingestuft. Im Zuge der Domestikation und der Anpassung an den Lebensrhythmus des Menschen sind die heutigen Katzen nicht mehr besonders nachtaktiv und es zeichnet sich eine Verschiebung zur Tagaktivität ab. Die tägliche Zeit, welche die Katze mit dem Jagen verbringt, variiert von Tier zu Tier, zwischen den Geschlechtern, je nach Fütterung, nach sozialem Rang und auch von Jahreszeit zu Jahreszeit.

▶ **Auf der Suche nach Beute** Die Katze beginnt ihre Jagd mit der Suche nach einer möglichen Beute. Sie sucht das ausgewählte Jagdgebiet mittels optischer und akustischer Beobachtung genau ab. Oft verharrt die Katze zuerst mit konzentrierter Aufmerksamkeit an einem bestimmten Platz, dann streift sie weiter, verfolgt ein Beutetier und versucht, die Beute zu erlegen. Die Katze jagt allein – im Gegensatz zu Hunden, die im Rudel jagen. Das Verfolgen und Erlegen der Beute sind keine sozialen Verhaltensweisen. Die Jagdtechnik der Katze basiert auf Unauffälligkeit.

Auch bewegte Blätter können den Jagdtrieb wecken.

Jäger und Feinschmecker

Zwei Jagdstrategien Katzen haben zwei grundsätzliche Jagdmethoden entwickelt. Die „Mobile-Jagd-Strategie" wird angewendet, wenn Katzen zwischen zwei Punkten, zum Beispiel zwei Bauernhöfen, oder innerhalb möglicher Beutegebiete unterwegs sind und dabei zufällig auf Beute stoßen. Die Katze muss dabei nicht unbedingt auf lebende Beute stoßen, sie kann auch Aas oder Abfall zum Fressen vorfinden. Die „Immobile-Sitzen-und-Warten-Strategie" kommt zum Tragen, wenn die Katze an einem vielversprechenden Ort angekommen ist oder einen solchen gefunden hat. Sie legt sich dann auf die Lauer und wartet auf mögliche Beutetiere. Manche Katzen bevorzugen einen bestimmten Beutetyp, wie junge Hasen oder auch in Bodenhöhlen brütende Vögel, kleine Säugetiere oder Insekten, und entwickeln sowie verfeinern ihre eigene Jagdstrategie.

Mögliche Beute

Katzen sind vielseitige Generalisten, die ein breites Spektrum an Beutetieren nutzen und sich auch problemlos von einer Beuteart auf eine andere umstellen können. An erster Stelle der Katzenhitliste für Beutetiere stehen Nagetiere wie Wühlmäuse oder Feldmäuse. Ansonsten variieren die bevorzugten Beutetiere je nach Kontinent.

Die Zeit des Absprungs auf die Beute muss exakt kalkuliert werden.

WICHTIG

Katzen gehören zu der Gruppe der strikten Fleischfresser oder Carnivoren. Respektieren Sie Ihre Katze als Fleischfresser und versuchen Sie daher nicht, Ihre Katze vegetarisch oder gar vegan zu ernähren.

Auf dem Speiseplan von frei lebenden Katzen stehen noch Vögel, junge Feldhasen, Insekten, Eidechsen und auch Haushaltsmüll. Wehrhafte Tiere, wie Ratten, werden angeblich eher selten gejagt.

▶ **Die Beute ist erlegt!** Nach einem erfolgreichen Beutefang zeigen Katzen drei Verhaltensweisen. Manche Katzen fressen die Beute sofort am Tatort, manche Tiere bringen die Beute lebend oder tot nach Hause und manche Katzen spielen mit der Beute. Nach diesem Spiel wird das Opfer getötet und gefressen oder, falls die Katze gerade Junge hat, diesen zum Töten und Fressen überlassen. Kleine Säugetiere werden sofort in Haarstrichrichtung gefressen, Vögel werden vorher gerupft.

Beute als Geschenk

Viele Katzen bringen ihre Beute mit nach Hause. Man nimmt an, dass eine Katze ohne Junge ihre Beute heimträgt, wenn sie sich in einer Konfliktsituation befindet, in der sie die Beute nicht frisst und auch sonst nichts mit ihr anzufangen weiß. Man geht davon aus, dass auch das Spielen mit der Beute aus einer Konfliktsituation resultiert, die dann entsteht, wenn eine hungrige Katze sich an einer großen und wehrhaften Beute versucht. Durch das Spielen soll das Beutetier in seiner Verteidigungsbereitschaft ermüden.

▶ **Auch wenn's schwer fällt: Loben!**
Bei Katzen, die die Möglichkeit zum Freilauf haben, kommt häufig der Katzenhalter in den „Genuss" der Beute. Bei weiblichen Tieren liegt die Ursache für dieses Heimtragen der Beute vermutlich im Funktionskreis der mütterlichen Verhaltensweisen. Beim männlichen Tier ist die heimgebrachte Beute wohl eher als Geschenk an den Menschen zu sehen.
Obwohl für viele Menschen dieses Heimtragen von erlegten Beutetieren unerwünscht ist, sollte die Katze nicht dafür getadelt werden. Können Sie das artgerechte Jagdverhalten der Katze akzeptieren und sind Sie sich des natürlichen Kreislaufs von Jagen und Gejagtwerden bewusst, sollten Sie die Katze für das Bringen der Beute loben. Fällt Ihnen das schwer, dann ignorieren Sie das „Geschenk" und schaffen Sie das erlegte Beutetier weg, sobald die Katze außer Sichtweite ist. Der oft aufgebrachte Tipp, der Katze ein Glöckchen umzubinden, um ein lautloses Anschleichen an Beute zu verhindern, ist eine Qual für die Katze.

Katzen lieben lange Streifzüge durch das Revier.

Sie jagen zwischen 4 und 8 Stunden täglich.

So mancher Katzenhalter bekommt die erlegte Beute von seiner Katze geschenkt.

Fressverhalten – der *Normalfall*

Wild lebende Katzen versorgen sich über ihre Beute mit sämtlichen Nährstoffen und derjenigen Energiemenge, die sie zur Deckung ihres täglichen Bedarfs brauchen. Katzen sind reine Fleischfresser und sind – bei einer eventuellen Beutetierknappheit – nicht in der Lage, sich alternativ von pflanzlichen Produkten wie Früchten zu ernähren. Der Proteinbedarf der Katze liegt höher als der des Menschen oder des Hundes.

▶ **Ein Ausflug in die Wissenschaft**
Verschiedene Ernährungsstudien belegen die verschiedenen Fresstechniken der Katze bei der Aufnahme von Futterkroketten:
> Die Krokette wird mit der Oberseite der Zunge ergriffen (Supralingual).
> Der erste Kontakt mit der Krokette erfolgt mit der Unterseite der Zunge (Sublingual).
> Die Krokette wird mit den Lefzen bzw. Schneidezähnen aufgenommen (Labial).

Maine-Coon-Katzen nehmen ihre Nahrung hauptsächlich mit den Lefzen auf, Perserkatzen mit der Unterseite der Zunge. Daher werden unterschiedlich geformte Futterkroketten angeboten.

▶ **Häppchenweise** Katzen bevorzugen kleine Mahlzeiten über den Tag verteilt. In freier Wildbahn nehmen Katzen zwischen zehn und zwanzig kleine „Happen" ein, wenn Nahrung verfügbar ist. Jede Mahlzeit dauert nur zwei bis drei Minuten. Über den Tag verteilt trinken Katzen öfter kleine Mengen Wasser.

▶ **Fütterungstipps** Um dem natürlichen Jagd- und Fressverhalten der Katze gerecht zu werden, bietet sich eine Ernährung mit Trockennahrung an. Trockenfutter kann den ganzen Tag über in einem Futternapf angeboten werden, ohne dass es zu riechen beginnt oder schlecht wird. So hat die Katze die Möglichkeit, sich jederzeit ein kleines Häppchen davon zu holen. Den Jagdtrieb Ihrer Katze können Sie zufrieden stellen, wenn Sie die Katze nach geworfenen Trockenfutterkroketten jagen lassen – und natürlich auch nach Spielzeug. Oder verstecken Sie einige Stückchen Futter in der Wohnung, bevor Sie das Haus verlassen. So ist Ihre Katze eine Weile beschäftigt, wenn Sie außer Haus sind. Außerdem können Sie anhand der gefressenen Bröckchen feststellen, wo sich Ihre Katze allein zu Haus so aufhält. Bevorzugt Ihr Tier Feuchtfutter, ist zu beachten, dass die von Katzen geschätzte Nahrungstemperatur im Bereich der Körpertemperatur liegt. Wird das Futter zu kalt oder zu stark erwärmt serviert, findet dies wenig Anklang.

Gourmets auf vier Pfoten

Katzen sind kleine Genießer. Sie fressen gern in Ruhe und möchten dabei nicht gestört werden.
Die Katze hat im Vergleich zu uns Menschen eine geringe Empfindlichkeit für Geschmacksunterschiede. Die Anzahl der Geschmackszellen liegt bei etwa 500. Im Vergleich dazu hat der Mensch 9000 Geschmackszellen. Der Geruch entscheidet darüber, ob die Katze das Futter akzeptiert oder ablehnt.

Feinschmeckergewohnheiten
Unter Feinschmeckergewohnheiten versteht man zum einen die plötzlich fehlende Akzeptanz von Futtersorten, die die Katze bislang immer gefressen hat. Zum anderen aber auch das plötzliche Auswählen von einigen bestimmten Futtersorten aus einem immer akzeptierten Futtersortiment. Dabei zeigt es kaum Erfolg, der Katze andere Futtersorten anzubieten.
Bevor Sie nach anderen Lösungsmöglichkeiten suchen, sollten Sie vorher unbedingt von Ihrem Tierarzt eine mögliche Erkrankung als Ursache für den fehlenden Appetit ausschließen lassen. Eine Checkliste zur Ursachenermittlung und mögliche Lösungsvorschläge finden Sie auf der nächsten Seite.

Der Geruch spielt eine bedeutende Rolle für die Attraktivität der Nahrung.

CHECK

Feinschmeckergewohnheiten

Mögliche Ursachen

☐ Eine in früher Jugend erworbene Futtervorliebe. Die Mutter hat Einfluss auf die Akzeptanz der Nahrung bei den Kätzchen.

☐ Negative Erfahrungswerte der Katze bei der Nahrungsaufnahme (ungeeigneter Futternapf, der die Aufnahme der Nahrung nicht ermöglicht, schlechter Geruch oder auf die Nahrungsaufnahme folgende Verdauungsstörungen) werden von der Katze mit der Nahrung in Verbindung gebracht.

☐ Einsatz einer instrumentellen Verhaltensstrategie durch die Katze: Sie hat gelernt, dass Frauchen oder Herrchen sofort eine neue Futtersorte anbietet, wenn sie eine alte verweigert.

☐ Frisst Ihre Freilaufkatze daheim nicht mehr, kann es durchaus sein, dass sie von Nachbarn ein schmackhafteres Futter erhält.

Lösungsvorschläge

> Ernähren Sie Ihre Katze gemäß ihren Bedürfnissen und berücksichtigen Sie Alter, Lebensstil und Aktivitätsgrad sowie besondere Anforderungen bei Empfindlichkeiten oder Erkrankungen.

> Nur absolut frisches Futter füttern.

> Unterbinden Sie das Zufüttern durch Nachbarn.

> Schenken Sie der Futterverweigerung Ihrer Katze keine gesteigerte Aufmerksamkeit, falls die Katze das Verweigern der Nahrung als Mittel einsetzt, immer wieder neue Nahrung angeboten zu bekommen.

Fütterungsrituale 227

Katzen sollten bei der Nahrungsaufnahme immer ungestört sein.

Fütterungsrituale

Sie glauben gar nicht, was verzweifelte Katzenhalter alles unternehmen, damit eine Katze nach einer Erkrankung oder einer Operation zu fressen beginnt. Sie lassen die Katze das Futter vom Finger lecken, sie füttern die Katze mit dem Löffel, ja, es gibt selbst Tierbesitzer, die der Katze beim Fressen vorsingen. Unbestritten ist es enorm wichtig, dass Tiere bei einer Erkrankung oder in der Genesungsphase regelmäßig fressen. Je mehr Aufsehen Sie jedoch verursachen, damit Ihre Katze frisst, desto weniger wird sie es tun. Katzen hassen jede Art von Zwang. Stellen Sie ihr das Essen hin, ziehen Sie sich zurück und warten Sie ab. Sie wird bald mit dem Fressen beginnen. Hat sich Ihre Katze erst einmal an den Rummel zu Essenszeiten gewöhnt, wird sie bald nur noch fressen, wenn Sie Kunststücke vorführen.

Dicke Katzen sind hohen Gesundheitsrisiken ausgesetzt.

Sie ist zu dick

Gehören Sie auch zu den Katzenhaltern, die ihre Katze liebevoll von der Seite ansehen und dabei den fülligen Leibesumfang ihrer Katze übersehen? Das sollten Sie nicht, denn auch für Ihre Katze ist Übergewicht bedrohlich. Ihre Katze kann aufgrund einer Erkrankung übergewichtig sein, was Ihr Tierarzt in einer Untersuchung feststellen kann. Aber oftmals spielen Verhaltensaspekte eine wesentliche Rolle bei übergewichtigen Katzen.

▶ **Bitte nicht dick füttern** Wie ist es bei Ihnen, wenn Ihre Katze angelaufen kommt, den Kopf an Ihren Beinen reibt und miaut? Bekommt sie jedes Mal einen Leckerbissen? Womöglich einen aus dem Nahrungsangebot des Menschen? Oder spielen Sie stattdessen mit ihr und streicheln ihr über das Fell? Verwechseln Sie auch manchmal das Fordern Ihrer Katze nach Zuneigung, Beschäftigung und Spielen mit der Forderung nach Nahrung? Gerade bei einem übergewichtigen Tier ist es wichtig, dass nicht jede Kontaktaufnahme der Katze mit einem Leckerbissen beantwortet wird. Lob, Streicheleinheiten oder Spielen sind viel wichtiger und vertiefen die Bindung Ihrer Katze zu Ihnen, und bieten der Katze Aktivität. Die Nahrungsaufnahme hat für die Katze – im Unterschied zu Hunden und Menschen – keine soziale Bedeutung.

CHECK

Ach, du dicke Katze!

Ursachen für Übergewicht

- ❏ Organische Erkrankungen.

- ❏ Kastration.

- ❏ Nebenwirkungen bestimmter Medikamente.

- ❏ Das Tier hat keinen normalen Fressrhythmus bzw. keine Sättigungskontrolle entwickelt.

- ❏ Falsche Ernährung und ständige Gabe von Leckerbissen: Die Katze erhält eine energiereiche Nahrung bei gleichzeitig zu geringem Energieverbrauch.

- ❏ Mangelnde Bewegung: Die Katze bekommt keine Möglichkeit, das Jagdverhalten im menschlichen Heim auszuleben.

- ❏ Stress: Ihre Katze kompensiert Stress durch zusätzliche Futteraufnahme.

- ❏ Langeweile: Die Katze kann ihre Bedürfnisse nicht befriedigen, weil ihre Umwelt nicht katzengerecht ist. Sie frisst aus Langeweile oder aus Depression.

- ❏ Mangelnde Zuwendung und ein gestörtes Mensch-Tier-Verhältnis.

- ❏ Missverständnisse: Liebe wird durch ständiges Füttern ausgedrückt.

- ❏ Futterneid zwischen zwei Tieren im selben Haushalt.

CHECK

Erste-Hilfe-Fahrplan bei Übergewicht

Maßnahmen bei Übergewicht

- [ ] Check beim Tierarzt: Er wird feststellen, ob das Übergewicht Ihrer Katze eine medizinische Ursache hat.

- [ ] Richtige Ernährung: Die Energie der Nahrung muss an den Energiebedarf der Katze angepasst werden. Füttern Sie fettreduzierte „Light"-Produkte.

- [ ] Optimaler Futternapf: Findet die Trockenfutter-Tagesration in einer Lage im Futternapf Platz, ist die Katze gezwungen, Krokette für Krokette aufzunehmen. In der Folge wird die Nahrungsaufnahme verlangsamt und hastiges Schlingen reduziert. Diese Herabsetzung der Fressgeschwindigkeit hat zur Folge, dass der Sättigungsgrad mit zunehmender Dauer der Mahlzeit ansteigt. Das wiederum kann das Wohlbefinden von übergewichtigen Tieren steigern.

- [ ] Diät: Beim Tierarzt sind spezielle Diätprodukte für stark übergewichtige Tiere erhältlich. Katzen dürfen niemals auf „Nulldiät" gesetzt werden!

- [ ] Diätplan: Vereinbaren Sie in Absprache mit Ihrem Tierarzt ein Diätziel und führen Sie ein Fütterungsprotokoll. Das ist vor allem von Vorteil, wenn die Katze von mehreren Familienmitgliedern gefüttert wird und weil die Gabe von zusätzlichen Leckerbissen in den Diätplan eingerechnet werden muss.

- [ ] Gewichtstabelle: Einmal in der Woche sollten Sie Ihre Katze wiegen und das Gewicht in eine Tabelle eintragen. So können Sie kontrollieren, ob Ihre Katze langsam und gesund abnimmt.

- [ ] Bedürfnisse der Katze bei Wohnungshaltung berücksichtigen (bitte auf Seite 128 nachlesen.)

- [ ] Ausreichende Bewegung und Beschäftigung durch spielerische Aktivitäten.

- [ ] Stressfaktoren ausschalten und für Rückzugsplätze und Versteckmöglichkeiten für die Katze sorgen (nachzulesen auf Seite 162.).

Knabbern an Pflanzen

Bei wild lebenden Katzen wurde beobachtet, dass sie regelmäßig Gras zu sich nehmen. Es gibt viele Erklärungsversuche. Man nimmt an, dass dies einen Ernährungsvorteil oder einen Erbrechen erregenden Nutzen bringt.
Auch wenn die Katze zeitweise Gras zu sich nimmt, ist sie ein Fleischfresser und muss als solcher ernährt werden.

▶ **Vorsicht, giftig!** Das Fressen von Zimmerpflanzen kann für die Hauskatze jedoch absolut lebensbedrohend sein, da sehr viele in der Wohnung gepflegte Pflanzen giftig sind. Giftige Zimmerpflanzen – oder auch solche, bei denen Sie nicht sicher sind – sollten Sie Ihrer Katze zuliebe aus der Wohnung entfernen. Wenn Sie sich neue Pflanzen kaufen, fragen sie unbedingt nach, ob die Neuanschaffung für Katzen giftig ist.

▶ **Katzengras** Wenn Ihre Katze gern an Pflanzen kaut, dann stellen Sie ihr Katzengras zur Verfügung. Knabbert Sie dann an ihrem Gras, sollten Sie das erwünschte Verhalten mit viel Lob bekräftigen.

Auch für Outdoor-Katzen kann der Kontakt mit giftigen Pflanzen gefährlich sein.

Folgende Pflanzen sind für die Katze giftig

- Azalee
- Dieffenbachie
- Efeu
- Fensterblatt
- Gummibaum
- Korallenbäumchen
- Maiglöckchen
- Palmfarn
- Philodendron
- Rhododendron
- Yuccapalme
- Zimmercalla
- Weihnachtskaktus
- Weihnachtsstern
- Blumensträuße
- aus Schnitt- und Wiesenblumen (Tulpen, Lilien, Narzissen, Schleierkraut ...)
- diverse Glanzsprays für Blätter

Diese Liste der Giftpflanzen ist nicht vollständig, sondern gibt nur einen kurzen Überblick.
Bevor Sie eine neue Pflanze kaufen, sollten Sie sich Ihrer Katze zuliebe immer vorher erkundigen, ob eine Pflanze für sie giftig ist!

Nehmen Sie bei der Wahl Ihrer Zimmerpflanzen auf Ihre Katze Rücksicht.

Stoffsaugen oder -fressen

Diese Störung im Fressverhalten der Katze wird in der Fachsprache als „Pica" bezeichnet. Die Katze nimmt Dinge auf, die nicht für den Verzehr geeignet sind. Häufig saugt und kaut die Katze an Wolle oder anderen Textilien. Dabei bevorzugen die Tiere bereits vom Halter getragene Kleidungsstücke, die Schweißmarken aufweisen. Vorwiegend tritt diese Verhaltensweise bei Siam- und Burmakatzen auf sowie bei Katzen, die ein übertriebenes Anlehnungsbedürfnis an ihren Halter zeigen.

▶ **Ursachen** Der Grund für diese Verhaltensweise ist bislang nicht genau bekannt. Es wird angenommen, dass Katzen, die zu früh von ihrer Mutter getrennt wurden, diese Verhaltensstörung an den Tag legen. Aber auch ein umgekehrtes Jagd- und Beutefangverhalten oder durch Stress ausgelöste Stereotypien können mögliche Ursachen sein. Katzen, die unter sehr monotonen Haltungsbedingungen leben müssen, können dieses Fehlverhalten ebenso entwickeln.

▶ **Lösungsmöglichkeiten** Eine katzengerechte Umgebung und spielerische Aktivitäten können Abhilfe schaffen, wenn Ihre Katze notorisch an Stoff oder Wolle kaut. Ebenso können Sie versuchen, den bevorzugten Stoff oder die Wolle mit einer unangenehm schmeckenden Substanz, zum Beispiel Pfeffer, zu präparieren. Die Substanz darf natürlich für Katzen nicht gesundheitsschädlich oder gar giftig sein! Noch einfacher ist es, das Objekt der Begierde außer Reichweite der Katze zu legen oder zu hängen. Abwechslung im Katzenalltag und die Möglichkeit zu Aktivitäten werden Ihrer Katze aber keine Veranlassung geben, sich wieder den bevorzugten Kleidungsstücken zuzuwenden.

Katzen brauchen Zuwendung und Beschäftigung.

Zum Weiterlesen

Askew, Henry R.: **Behandlung von Verhaltensproblemen bei Hund und Katze.** Parey 1997.
Bergmann-Scholvien, Claudia: **Schüßler-Salze für meine Katze.** Kosmos 2009.
Federer, Gabi und Martino Rivas: **Spiele für Katzen.** Kosmos 2009.
Grimm, Hannelore: **Kätzchen.** Kosmos 2013.
Grimm, Hannelore: **Wohnungskatzen.** Kosmos 2008.
Halls, Vicky: **Die Katzenflüsterin.** Kosmos 2007.
Howey, M. Oldfield: **Die Katze in Magie, Mythologie und Religion.** Fourier Verlag 1991.
Immelmann, Klaus: **Wörterbuch der Verhaltensforschung.** Parey 1982.
Johnson, Pam: **Katzenpsychologie.** Kosmos 2011.
Jones, Renate (Hrsg.): **Das Kosmos Handbuch Katzen.** Kosmos 2010.
Jones, Renate: **Unsauberkeit bei Katzen.** Kosmos 2012.
Kraa, Gisela: **Bach-Blüten für Katzen.** Kosmos 2009.
Lauer, Isabella: **Katzen halten, ganz entspannt.** Kosmos 2011.
Lauer, Isabella: **Wenn Katzen reden könnten.** Kosmos 2012.
Lauer, Isabella: **Zwei Katzen – doppeltes Glück.** Kosmos 2012
Leyhausen, Paul: **Katzen. Eine Verhaltenskunde.** Parey 1982.
Leyhausen, Paul: **Katzenseele: Wesen und Sozialverhalten.** Kosmos 2005.
Metz, Gabriele: **Katzenrassen.** Kosmos 2011.
Morris, Desmond: **Catwatching.** Heyne Verlag 2000.
Oeser, Erhard: **Katze und Mensch.** Wissenschaftliche Buchgesellschaft 2005.
Olbrich, Erhard und Carola Otterstedt: **Menschen brauchen Tiere.** Kosmos 2003.
Rauth-Widmann, Brigitte: **Katzensprache.** Kosmos 2009.
Rauth-Widmann, Brigitte: **Was denkt meine Katze.** Kosmos 2012.
Royal Canin: **Enzyklopädie der Katze.** Aniwa Publishing.
Seidl, Denise: **Spiel & Spaß für Katzen.** Kosmos 2010.
Streicher, Michael: **Kosmos Praxishandbuch Katzenkrankheiten.** Kosmos 2013.
Theby, Viviane: **Clickern mit meiner Katze.** Kosmos 2009.
Von Stockfleth, Bettina: **Katzenkinder.** Kosmos 2013

Nützliche Adressen

Dachorganisationen
Fédération Internationale Féline (FIFe) www.fifeweb.org

World Cat Federation (WCF) www.wcf-online.de

Nationale Vereine und Verbände
1. Deutscher Edelkatzen Züchterverband e.V. (1. DEKZV) www.dekzv.de

Deutsche Edelkatze e.V. www.deutsche-edelkatze.de

Österreichischer Verband für die Zucht und Haltung von Edelkatzen (ÖVEK) www.oevek.at

Klub der Katzenfreunde Österreichs (KKÖ) www.kkoe.org

Federation Feline Helvetique (FFH) www.ffh.ch

Haustierregister
TASSO e.V. www.tasso.net

Deutscher Tierschutzbund www.registrier-dein-tier.de

Internationale Tierkennzeichnungsdatenbank www.animaldata.com

Musik für Katzenohren
www.petsandmusic.com

Giftpflanzen
Unter www.giftpflanzen.ch finden Sie eine umfangreiche Datenbank betreffend Giftpflanzen.

Register

Aggressivität 114, 183, 191
Aktivitätszone 128
Alter 57, 72 ff., 141
Ammoniak 208
Aneinander gewöhnen 144 f.
Angst 18, 112 f., 193 f.
Anpassungsfähigkeit 11, 56, 74, 152
Anschaffung 123
Artgenossen 38, 54 f., 65, 94
Artgerechte Haltung 36, 44
Artgerechtes Verhalten 156
Attacken 115, 186
Audiovisuelles Gedächtnis 33
Aufstellen der Rückenfelles 18
Augen 19, 28, 172
Ausscheidungen 64
Aussichtswarten 50
Auswahlkriterium 123
Ausweichmöglichkeit 146
Balancegefühl 32
Bedürfnisse 77 f.
Beißen 138, 185
Belohnen 159
Berührung 171
Beschäftigung 129
Bestrafen 70, 159
Beute 64, 79, 221 ff.
Bewegungsdrang 14
Bewegungsspiele 98
Bezugsperson 14
British Shorthair 124
Catsitter 90
Charaktere 13 ff.
Charaktereigenschaft 124
Desensibilisierung 194
Domestikation 10
Duftbotschaften 25, 81
Düfte 175
Duftmarkierung 25 ff., 176

Eifersucht 88
Eingewöhnungsphase 37 f., 52 ff.
Einstreu 44, 46, 207
Einzelgänger 143, 152
Eiweißbedarf 83
Energiebedarf 84
Entwurmen 41 f., 90, 131
Ernährung 43, 78, 83 ff.
Erregungslaute 22, 24
Erziehung 66 ff., 97
Fähigkeiten 32 f.
Fauchen 24, 175
Fellpflege 45, 73, 86
Fellwechsel 78
Flehmen 30, 176
Freilauf 78 ff., 103 f., 130
Fressen 83 ff., 128, 224
Frustration 184
Futternapf 44
Fütterungsrituale 227
Fütterungstipps 224
Futterzeiten 84
Gefahrenquellen 48 ff.
Gegenangriff 184
Gegenkonditionierung 194
Gehör 30
Gerüche 17, 55
Geruchssinn 29, 61
Geschlecht 38
Geschlechtsreife 27, 66, 118
Geschmackssinn 30
Gestik 17, 53
Giftpflanzen 51, 118, 232
Gourmets 225
Grundausstattung 42 ff.
Gurren 22, 173
Halblanghaar-Katzen 41
Halsband 104
Haltung 42 ff.
Harnmarkieren 27, 117

Hauskatze 39, 124
Herkunft 10
Hochheben 189
Hörvermögen 33, 73
Hunde 38, 56, 65, 145
Idiopathische Aggression 190
Ignorieren 71, 159, 189
Impfungen 41 f., 90, 131
Individualität 152
Isolation 134
Jacobsonsches Organ 30
Jagen 79, 131, 219, 221 f.
Jaulen 24
Kampfspiele 98
Kastration 27, 38, 104, 118, 131, 152, 217
Kätzchen 37, 56, 63, 132
Katzenausstellung 109
Katzenbabys 61 ff.
Katzenbuckel 19, 170
Katzengras 119, 231
Katzenklo 44, 46 f., 129, 200, 204 ff.
Katzennetz 32, 51
Katzensenioren 72 ff., 140
Katzensprache 17 ff., 68
Kernbereich 130
Kinder 38, 87 ff., 142
Kleintiere 58 f.
Knurren 24, 175
Kolostrum 62
Kommunikation 17 ff., 27, 31, 58, 169, 213
Konkurrenz 57, 184
Köpfchengeben 26
Körperhaltung 58, 170
Körperkontakt 61 f.
Körperpflege 86
Körpersprache 17 ff., 23, 68, 112, 115, 169
Körpertemperatur 61
Krallen 11, 73, 178
Krallenwetzen 81, 119
Krankheit 202
Kratzbaum 44, 80, 119

Kratzen 28, 181, 185
Kratzmöglichkeiten 178 ff.
Kreischen 24
Kurzhaar-Katzen 41
Laktoseunverträglichkeit 63
Langhaar-Katzen 41
Lautäußerungen 22 f., 173
Leine 104 ff.
Lernen 134, 150
Maine Coon 124
Markieren 38, 81, 117, 212
Maunzen 23, 175
Mäusesprung 97
Miauen 23, 175
Mikrochip 104, 108, 131
Milchgebiss 63
Milchtritt 20
Mimik 17 f., 53, 169
Misstrauen 70
Missverständnisse 17, 24, 112, 146, 172
Muttermilch 62
Nachahmung 135
Nächtliche Aktivitäten 116
Nahrungsangebot 153
Namensgebung 67
Nesthocker 61
Nickhaut 29
Objektspiele 98
Ohren 19, 172
Orientierung 33
Outdoor-Katzen 78 ff.
Paarungszeit 27, 38, 118
Perserkatze 124
Persönlichkeitsbildung 13
Pet Pass 108
Pflanzen knabbern 118, 231
Pflegeutensilien 45
Pfotenhieb 97
Pica 118
Prägungsphase 56, 65, 133
Pubertät 66
Pupillen 29

Rangordnung 54
Rassekatzen 38, 41, 123, 151
Rassestandard 109
Reaktionsvermögen 94
Reizvielfalt 65
Revier 80, 127, 130, 191
Reviergrenzen 26 ff., 33, 80
Revierverteidigung 184
Rituale 87, 163
Rolligkeit 66
Rückzugsmöglichkeiten 45, 55 f., 80, 113
Ruhebedürfnis 45, 73, 128
Sauberkeit 38
Säugeperiode 63
Schlafen 45, 73, 82
Schmerzaggression 190
Schnattern 25, 175
Schnurren 22 f., 63, 173 f.
Schnurrhaare 19, 172
Schwanz 18, 32, 171
Schwanzlose Katzen 32
Schwanzwedeln 18, 58
Sehvermögen 28, 73
Sensibilität 15
Siamkatze 124
Sinne 17 ff., 28
Soziale Struktur 152
Sozialisation 65, 132
Sozialpartner 9, 12, 88, 113, 184
Sozialverhalten 94, 104
Spielen 53, 74 f., 79, 93 ff., 129, 136, 187
Spieltherapie 111, 140
Spielzeug 48, 101
Spucken 24
Stammbaum 41
Stellreflex 32
Stereotypien 158
Stimmungslage 17 f., 29
Stofffressen 233
Stoffsaugen 118, 233
Streicheleinheiten 20f.
Streifgebiet 130

Stress 22 f., 27, 52, 116, 118, 140, 160 ff.
Suchpendeln 62
Tasthaare 31
Tastsinn 61
Territoriale Aggression 191
Tierpsychologie 166
Tiersitter 90
Tollwut 104, 108
Tragstarre 62
Transportbox 48, 52, 196
Treteln 20, 171
Übergewicht 229
Umgerichtete Aggression 192
Umwelt 150, 202
Unabhängigkeit 9, 13
Unerwünschtes Verhalten 68, 157
Unsauberkeit 47, 66, 116, 199 ff., 211, 214
Unterwerfung 18
Vererbung 150
Vergiftungen 50f.
Verhalten 77 f., 94, 111 f., 149
Verhaltensänderungen 74, 111 f.
Verhaltensauffälligkeiten 40
Verhaltensprobleme 33, 58, 157
Verscharren 200
Verständigungsprobleme 156
Verstecken 80
Vibrissen 31
Wahrnehmungsvermögen 94
Wangenreiben 26
Wasser 44, 128
Wesenseigenschaften 21, 124
Wohlbefinden 20, 22, 95
Wohnungskatze 78 ff., 126 ff.
Wutsyndrom 190
Zehengänger 11
Zeitsinn 33
Zitzenpräferenz 62
Züchter 42
Zweitkatze 143
Zyperngras 119

Bildnachweis

Die Farbfotos für Seite 1–3 und 6–119 wurden von Peter Oppenländer extra für dieses Buch aufgenommen, soweit hier nicht anders angegeben.
Weitere Aufnahmen von Tatjana Drewka/Kosmos (1; S. 60), Heike Erdmann/Kosmos (1; S. 58 o.), Lanceau/Royal Canin (49; S. 6, 7, 14 beide, 15 beide, 37 alle 3, 52 beide, 64 beide, 65, 66, 67, 94/95 alle drei, 122, 132 l., 133, 134/135 alle drei., 136/137 alle drei, 144, 148, 150 alle drei, 151, 154, 156,157, 164/165 alle drei, 167, 170, 171, 178 u, 179, 209, 211, 220, 222), Lenfant/Royal Canin (1; S. 178 o.), Gabriele Metz (12; S. 5 Freisteller, 130, 132 r., 145, 152, 176, 193, 195, 206, 213, 215, 121), Gabriele Metz/Kosmos (18; S. 41, 42, 55, 73 beide, 78 l., 118, 119, 127, 128, 160, 161, 180, 198, 204, 207, 232, 233), Psaila/Royal Canin (2, S. 131, 166), Denise Seidl (1; S. 181), Marianne Sock (46; S. 124, 126, 129, 138, 140, 142, 143, 146, 147, 153, 159, 162, 163, 168, 172 u., 173 beide, 174, 182, 184, 185, 186/187 alle drei, 188, 189, 190, 196, 200/201 alle drei, 203, 205, 212, 216, 217, 208, 221, 223 alle drei, 225, 227, 228, 229, 119) und Karl-Heinz Widmann/Kosmos (1; S. 172 o.).

Die Autorin und der Verlag bedanken sich bei Royal Canin für die großzügige Unterstützung bei der Bebilderung des Buches.

Impressum

Umschlaggestaltung von eStudio Calamar unter Verwendung von Farbaufnahmen
von Tatjana Drewka/Kosmos.

Mit 245 Farbfotos.

Alle Angaben in diesem Buch erfolgen nach bestem Wissen und Gewissen. Sorgfalt bei der Umsetzung ist indes dennoch geboten. Der Verlag und die Autorin übernehmen keinerlei Haftung für Personen-, Sach- oder Vermögensschäden, die aus der Anwendung der vorgestellten Materialien und Methoden entstehen könnten.
Verlag und Autorin sind nicht verantwortlich für die Inhalte von Internet-Links.

Unser gesamtes lieferbares Programm und viele
weitere Informationen zu unseren Büchern,
Spielen, Experimentierkästen, DVDs, Autoren und
Aktivitäten finden Sie unter **kosmos.de**

Gedruckt auf chlorfrei gebleichtem Papier

© 2014, Franckh-Kosmos Verlags-GmbH & Co. KG, Stuttgart
(Das Buch ist ein Doppelband aus den beiden aktualisierten Werken „Mit Katzen leben",
ISBN 978-3-440-10831-4, von 2007 und „Wenn meine Katze Probleme macht", ISBN 978-3-440-11399-8,
von 2008 von Denise Seidl, beide © Franckh-Kosmos Verlags-GmbH & Co. KG, Stuttgart.)
Alle Rechte vorbehalten
ISBN 978-3-440-13086-5
Redaktion der Einzelbände: Alice Rieger
Redaktion des Doppelbandes: Angela Beck
Gestaltungskonzept: eStudio Calamar
Produktion: Eva Schmidt
Printed in The Czech Republic / Imprimé en République Tchèque

KOSMOS.
Samtpfoten besser verstehen.

Die schönsten Spielideen

Ein Nickerchen auf dem Sofa, ein Häppchen aus dem Futternapf, gelangweilt Krallen wetzen am Kratzbaum – der Tag einer Wohnungskatze kann ganz schön öde sein. Doch jetzt kommt Leben in die Bude: Mit flotten Such- und Angelspielen für Flinke, IQ-Tests und Denksportaufgaben für Clevere und Katzen-Agility für Akrobaten.

Denise Seidl
Spiel & Spaß für Katzen
128 S., 201 Abb., €/D 14,95

Die Welt der Stubentiger

Wünschen Sie sich nur das Beste für Ihren Sofalöwen? In diesem Buch erfahren Sie auf über 300 Seiten alles über Haltung und Verhalten, Rassen und Erziehung, Beschäftigung und Gesundheit. Von Katzenexperten geschrieben – aktuell, fundiert und lebensnah. Für ein rundum schönes Katzenleben.

Renate Jones (Hrsg.)
Das Kosmos Handbuch Katzen
320 S., 375 Abb., €/D 19,95

kosmos.de/heimtiere

Ernährung maßgeschneidert
für Ihre Welt.

INDOOR Lebensraum | **OUTDOOR Zugang**

Im Haus lebend oder regelmäßiger Freigang, zwei völlig unterschiedliche Katzenwelten.

Ein ruhiger Lebensstil oder ein hohes Level an sich wiederholender, körperlicher Aktivität... Heutzutage haben Katzen unterschiedliche Lebensstile, mit unterschiedlichen Bedürfnissen an eine ausgewogene Ernährung.

Die INDOOR und OUTDOOR Produktreihe von Royal Canin, entwickelt von Royal Canin in Zusammenarbeit mit Züchtern und Tierärzten, bietet präzise Ernährung, maßgeschneidert auf all ihre Bedürfnisse:

- **INDOOR:** speziell für Katzen die überwiegend im Haus leben; der Stuhlgeruch wird reduziert, die Haarballenbildung reduziert und das Idealgewicht unterstützt.
- **OUTDOOR:** ist die weltweit einzige Ernährungslösung für Katzen mit regelmäßigem Freigang; die natürlichen Abwehrkräfte und der Organismus der Katze werden optimal unterstützt.

FELINE HEALTH NUTRITION

Erhältlich im gut sortierten Zoofachhandel.
ROYAL CANIN Beratungsdienst für Tierernährung und Diätetik rund um Hund und Katze!
Mo bis Do von 15:00 - 19:00 Uhr zum Ortstarif: 0810/207601, E-Mail info@royal-canin.at

www.royal-canin.at

Die Autorin

Denise Seidl ist Österreichs Expertin für Katzenverhalten. Als Dozentin für angewandte Ethologie ist sie bei Instituten und Verbänden gefragt. Des weiteren berät sie Tiernahrungsmittelhersteller bei allen Fragen rund um Haltung und Verhalten von Hund und Katze und gibt Tierhaltern bei unerwünschtem Verhalten und Verhaltensproblemen Hilfestellung. Wenn sie nicht im Fernsehen auftritt, Fachartikel für Zeitschriften schreibt oder Vorträge hält, verbringt sie ihre Freizeit am liebsten mit ihrem Partner, ihrem Hund und ihrer Katze. *www.tierpsychologie.at*

Danksagung

Herzlichen Dank an alle, die mich im Zusammenhang mit diesen beiden Büchern unterstützt haben. Meinem geliebten Partner Wolfgang für seinen Optimismus, seinen Beistand und vieles mehr. Eine liebevolle Danksagung auch an meine Familie und ihre immer währende Unterstützung.

Prof. Dr. Hermann Bubna-Littitz danke ich besonders für seine Kollegialität und das Vorwort in meinem allerersten Buch. Mag. Katharina Kronsteiner und Dr. Silvia Leugner danke ich für die wunderbaren einleitenden Worte in „Mit Katzen leben". Besonderen Dank an Bastiaan Rohrer, ehemaliger Communications Director der Royal Canin Group, für seine Unterstützung, die er meinen Büchern entgegengebracht hat. Meinen beiden Lektorinnen, Frau Alice Rieger und Frau Angela Beck, sei an dieser Stelle ebenfalls für ihre hervorragende Arbeit während der Entstehungsgeschichte dieser beiden Bücher beziehungsweise des Doppelbandes Lob ausgesprochen. Last, but not least, stellvertretend für alle Katzen, ein schnurriges Dankeschön für meine beiden ersten Katzen Diva und Coco, die mir den Weg zur Tierpsychologie gewiesen haben.